中国概况

A Survey of China

主　编◎宁继鸣
编　著◎宁继鸣
王尧美
赵　跃
杜文倩

北京语言大学出版社
BEIJING LANGUAGE AND CULTURE UNIVERSITY PRESS

图书在版编目（CIP）数据

中国概况 / 宁继鸣主编. -- 2版. -- 北京：北京语言大学出版社, 2018.8（2023.5重印）
ISBN 978-7-5619-5205-4

Ⅰ. ①中… Ⅱ. ①宁… Ⅲ. ①中国－概况 Ⅳ. ①K92

中国版本图书馆CIP数据核字（2018）第140331号

中国概况（第2版）
ZHONGGUO GAIKUANG (DI 2 BAN)

排版制作：北京创艺涵文化发展有限公司
责任印制：周 燚

出版发行：北京语言大学出版社
社　　址：北京市海淀区学院路15号，100083
网　　址：www.blcup.com
电子信箱：service@blcup.com
电　　话：编辑部　8610-82303647/3592/3395
国内发行　8610-82303650/3591/3648
海外发行　8610-82303365/3080/3668
北语书店　8610-82303653
网购咨询　8610-82303908
印　　刷：北京博海升彩色印刷有限公司

版　　次：2013年8月第1版　　印　　次：2023年5月第4次印刷
2018年8月第2版
开　　本：787毫米 × 1092毫米　1/16　　印　　张：20.25
字　　数：235千字
定　　价：89.00元

PRINTED IN CHINA
凡有印装质量问题，本社负责调换。售后QQ号1367565611，电话010－82303590

编写说明

本教材可作为来华留学生必修课“中国概况”的教学和学生用书，也可作为海外孔子学院的学习者了解中国文化和中国国情的读本。

《中国概况》自2013年出版发行以来，得到了广大读者的厚爱，已多次印行。这次再版，是基于近年来中国社会发展的巨大变化，以及本书在多年使用中得到的读者反馈。2017年6月2日，中华人民共和国教育部、外交部、公安部等三部委联合发布第42号令《学校招收和培养国际学生管理办法》，同时规定于2017年7月1日起施行。该办法明确规定，“中国概况”应当作为国际学生高等学历教育的必修课。据此，我们对原教材框架做了调整，对内容做了更新、补充和完善。

根据《学校招收和培养国际学生管理办法》精神，以及高等教育来华留学生必修课的要求，我们对本书的第1版进行了全面审视和修改，力图以更贴切的语言、更全面的描述以及最新的数据，更好地体现“中国概况”。修改后的《中国概况》（第2版）主要有以下特点：

第一，在整体内容的选择与编排上，兼顾“系统全面”与“条理清晰”，体现时代气息，反映时代变化。全书共分十六章，分别介绍了中华人民共和国国旗、国徽与国歌，中国的行政区划，中国的地理与资源，中国的人口、民族与语言文字，中国的历史，中国的政治制度，中国的经济，中国的外交，中国的科技，中国的教育，中国的传统思想，中国的文学，中国的艺术，中国的习俗，中国的体育，中国的民生，等等。

通过本教材，学生可以对中国的自然地理、传统文化、思想观念、文化习俗有一个较为客观的认识和了解，同时本教材为学生进一步接触和了解当代中国的政治、经济、文化、外交、科技、民生等国情提供了一个较为全面的导引和视角。

第二，教材紧扣《学校招收和培养国际学生管理办法》的要求，根据来华留学生学历教育对“中国概况”必修课的培养目标，按照国际学生的语言需求、认知需求和情感需求，进行框架设计和内容选取。在编写语言方面，充分考虑易读性原则，尽量选择简单易懂的词汇，以提高学生的阅读和理解能力。在版式设计上，部分内容配有实景图片，以提升学生的观感和兴趣。此外，为促进学生对多元文化的理解和接受，编写时尽量避免内容罗列和说教的方式，更多地采用点面结合的方式与叙事方法讲述“中国故事”。

第三，考虑到国际学生的语言水平和课时安排，本教材特别注意到了内容教学与语言教学的结合。例如，每一章围绕同一主题的词汇集中复现，学生通过一章的学习，可以较好地掌握与所学主题相关的词汇，从而为有效地进行语言输出奠定基础，达到既能学习专题内容又能提高语言能力的双重目标。考虑到学习者对阅读内容的熟悉程度及其认知与文化背景等因素，在不影响准确性的基础上，我们运用电脑分词软件对全部文本进行了技术分词，并根据分词的结果，对超疑难词汇进行了人工干预及专门处理。

本教材能够再版，要特别感谢北京语言大学出版社张健董事长和陈维昌主任的大力支持，也要感谢使用者对我们提出的反馈意见。北京语言大学崔永华教授及其他审稿专家对本书提出了许多有价值的建议和意见，在此一并表示谢忱。

“中国概况”是一个宏大的篇章，时代的变化迅猛且多元，鉴于作者的水平和能力，本教材难免会有疏漏不足之处，敬请专家、学者和使用本教材的教师、学生批评指正，以便再版时改进和完善。

编者

2018 年 6 月

目　录

第一章

中华人民共和国国旗、国徽、国歌

中华人民共和国的国旗、国徽和国歌是中华人民共和国的象征和标志，是中华民族精神的体现。

第一节 国旗

图 1-1 中华人民共和国国旗

中华人民共和国国旗是五星红旗，长和高的比例是3 ∶ 2。红色的旗面象征着革命，黄色的五角星象征着光明。旗上的五颗五角星及其相互关系，象征着中国共产党领导下的革命人民大团结。四颗小五角星各有一个角尖正对着大星的中心点。

1949 年 9 月 27 日，中国人民政治协商会议第一届全体会议一致通过五星红旗为中华人民共和国国旗。1954 年 9 月，第一届全国人民代表大会通过第一部《中华人民共和国宪法》，五星红旗成为中华人民共和国的宪定国旗。1990 年 6 月 28 日，中华人民共和国第七届全国人民代表大会常务委员会第十四次会议通过了《中华人民共和国国旗法》，自 1990 年 10 月 1 日起实行。为维护国旗的尊严，国家发布《国旗》和《国旗颜色标准样品》两项国家标准，规定了国旗的形状、颜色、图案、制版定位、通用尺寸、染色牢度等技术要求，并宣布于 1991 年 12 月 1 日起正式实施。

升旗仪式任务原来由武警天安门国旗护卫队担负，自 2018 年 1 月 1 日起，改为由中国人民解放军仪仗队执行。

在中国首都北京，每天太阳升起的时候，都要在天安门广场举行中华人民共和国国旗的升旗仪式。每月 1 日的升旗仪式，由中国人民解放军仪仗队 96 名护旗队员和军乐团 8 名礼号手共同执行。其中，护旗方队由陆海空三军方阵共同组成。升旗时长是《中华人民共和国国歌》演奏一遍的时间。平日，升旗仪式由中国人民解放军仪仗队 66 名护旗队员执行。

根据《中华人民共和国国旗法》，举行升旗仪式时，在国旗升起的过程中，参加者应当面向国旗肃立致敬，并可以奏国歌或者唱国歌。不得升挂破损、污损、褪色或者不合规格的国旗。国旗及其图案不得用作商标和广告，不得用于私人丧事活动。在公共场合故意以焚烧、毁损、涂划、玷污、践踏等方式侮辱中华人民共和国国旗的，依法追究刑事责任。

图 1-2　天安门广场上飘扬的五星红旗

第二节 国徽

图 1-3 中华人民共和国国徽

中华人民共和国国徽的内容为国旗、天安门、齿轮和谷穗。国徽的中间是五星照耀下的天安门，周围是谷穗和齿轮。

1950 年 6 月 18 日，在中国人民政治协商会议第一届全国委员会第二次会议闭幕式上，通过了中华人民共和国国徽图案。1991 年 3 月 2 日，中华人民共和国第七届全国人民代表大会常务委员会第 18 次会议通过了《中华人民共和国国徽法》，自 1991 年 10 月 1 日起施行。

《中华人民共和国国徽法》对使用国徽的场所、机构、文书、出版物等做出了明确规定。应当悬挂国徽的机构包括：县级以上各级人民代表大会常务委员会，县级以上各级人民政府，中央军事委员会，各级人民法院和专门人民法院，各级人民检察院和专门人民检察院，外交部，国家驻外使馆、领馆和其他外交代表机构。乡、民族乡、镇的人民政府可以悬挂国徽，具体办法由省、自治区、直辖市的人民政府根据实际情况规定。

应当悬挂国徽的场所包括：北京天安门城楼、人民大会堂，县级以上各级人民代表大会及其常务委员会会议厅，各级人民法院和专门人民法院的审判庭，出境入境口岸的适当场所。

根据《中华人民共和国国徽法》，国徽及其图案不得用于以下情况：商标、广告，日常生活的陈设布置，私人庆吊活动，以及国务院办公厅规定的不得使用国徽及其图案的其他场合。还规定不得悬挂破损、污损或者不合规格的国徽。在公共场合故意以焚烧、毁损、涂划、玷污、践踏等方式侮辱中华人民共和国国徽的，依法追究刑事责任。

第三节 国歌

中华人民共和国国歌是《义勇军进行曲》，是中华人民共和国的象征和标志。

中华人民共和国国歌

（义勇军进行曲）

田　汉作词
聂　耳作曲

进行曲速度

图 1-4　中华人民共和国国歌

电影《风云儿女》讲述了在抗战时期，青年知识分子为拯救祖国，勇敢走向抗日前线的故事。

《义勇军进行曲》诞生于1935年，是电影《风云儿女》的主题歌。剧作家田汉作词，音乐家聂耳作曲。《义勇军进行曲》厚重雄壮，节奏感很强，代表了中国人民团结奋斗、自强不息的精神，体现了国家和民族万众一心、奋发向上的信心和凝聚力。

1949年9月27日，中国人民政治协商会议第一次全体会议通过：在中华人民共和国的国歌未正式制定前，以《义勇军进行曲》为国歌。2004年3月14日，第十届全国人民代表大会第二次会议将《义勇军进行曲》作为国歌写入《中华人民共和国宪法》。2017年9月1日，第十二届全国人民代表大会常务委员会第二十九次会议，表决通过了《中华人民共和国国歌法》，该法自2017年10月1日起施行。《中华人民共和国国歌法》加强了对国歌奏唱、播放、使用的监督管理，明确了国歌的地位，奏唱国歌的场合，国歌奏唱的形式和礼仪，国歌标准曲谱和官方录音版本，开展国歌的宣传教育，对国歌奏唱、播放和使用的监督管理等内容。

《中华人民共和国国歌法》规定，为维护国歌的尊严，奏唱国歌时，在场人员应当肃立，举止庄重，不得有不尊重国歌的行为。国歌不得用于或者变相用于商标、商业广告，不得在私人丧事活动等不适宜的场合使用，不得作为公共场所的背景音乐等。在公共场合，故意篡改国歌歌词、曲谱，以歪曲、贬损方式奏唱国歌，或者以其他方式侮辱国歌的，由公安机关处以警告或者十五日以下拘留；构成犯罪的，依法追究刑事责任。

爱国旗、敬国徽、唱国歌，体现着中华儿女对祖国最崇高、最浓烈的爱，激励着海内外中华儿女为祖国的主权和尊严、繁荣和富强奋力拼搏，与各国人民一起，共同促进世界的和平与发展。

思考与练习

一、填空

1. 1949 年 9 月 27 日，中国人民政治协商会议第一届全体会议通过了以______为中华人民共和国国旗的议案。

2. 中华人民共和国国歌为________，诞生于 1935 年，由剧作家田汉作词，音乐家聂耳作曲。

二、选择

1. 中华人民共和国国徽是中华人民共和国的象征和标志，国徽内容为国旗、________、齿轮和谷穗。

A. 天安门　　B. 长城　　C. 五角星　　D. 太阳

2. 中华人民共和国国旗旗面为红色，这象征着________。

A. 革命　　B. 中国共产党　　C. 团结　　D. 中国人民

三、简答

1. 中华人民共和国国旗及其图案不得作为哪些用途？

2. 中华人民共和国国徽的悬挂场所有哪些？

第二章

中国的行政区划

行政区划是国家对行政区域的划分。目前中国有 34 个省级行政区，其中包括 23 个省、5 个自治区、4 个直辖市和 2 个特别行政区。

在历史上和习惯上，各省级行政区都有简称。中国的首都是北京。

第一节　行政区域的划分

中国宪法规定，中华人民共和国的行政区域划分如下：

（一）全国分为省、自治区、直辖市；

（二）省、自治区分为自治州、县、自治县、市；

（三）县、自治县分为乡、民族乡、镇。

乡镇是中国最基层的行政单位。自治区、自治州、自治县是少数民族聚居地区的民族自治地方，它们都是中华人民共和国不可分割的部分。国家根据需要，还可以设立特别行政区。此外，为了便于行政管理和经济建设，加强民族团结，国家可根据需要对行政区划做必要的调整和变更。

香港和澳门是中国领土的一部分。中国政府已于 1997 年 7 月 1 日对香港恢复行使主权，成立了香港特别行政区；于 1999 年 12 月 20 日对澳门恢复行使主权，成立了澳门特别行政区。

中国现行的省基本上沿用了元、明、清几百年来的传统区划，并在此基础上，综合考虑政治、经济、民族、人口、地理、自然等有关因素，不断调整。

从政治方面考虑，为了科学划分各级政权的管辖范围，中国行政区域的划分考虑了“人”与“地”两个要素：“人”是指人口的数量、空间的分布，“地”是指地域的大小、数量等。

从经济方面考虑，各省、自治区都至少有一个经济中心（省府）。其辐射作用可影响到全省、自治区范围。

从民族方面考虑，在尊重各民族历史、文化、风俗等传统的前提下，实行民族区域自治政策，在少数民族聚居区建立自治区、自治州、自治县，还建立了民族乡作为民族区域自治制度的重要补充。这有利于加强民族团结，有利于促进各民族的共同繁荣。

从自然方面考虑，中国国土辽阔，自然条件复杂，生态环境地区差异大。例如，许多山地和河流是明显的自然地理分界，也往往被选用作为行政区域的界线。总之，行政区域的划分会考虑到有利于国土资源的开发、保护和环境的综合整治，有利于实现区域人口、资源、环境与经济的可持续发展。

山地方面，例如东西走向的南岭，岭南岭北在气候、自然景观、水系分布等方面有明显差异，而且语言、民俗等也有差异，所以一直被作为广东与湖南、江西的行政区划界线。青海与甘肃之间的祁连山也被用以作为两省之间的界线。

河流方面，例如陕西、山西两省以黄河分界，山西与河南之间、河南与山东之间也以部分黄河河段为界。

第二节　省与自治区

一、省

省是中国一级地方行政区划。省作为一级行政区划始于元朝，至今已有 700 多年的历史。目前，中国共有 23 个省。

河北省　简称“冀”，东临渤海，是中国唯一兼有高原、山地、丘陵、平原、湖泊和海滨的省份，自古以来就是中国北方著名的商品集散地。全省历史文物众多，自然和人文景观资源丰富，其中最著名的有承德避暑山庄、北戴河旅游度假区、清东陵和清西陵等。河北省吴桥县是誉满中外的“杂技之乡”，吴桥杂技已有 2000 多年的历史。

山西省　简称“晋”，因居太行山之西而得名。山西省是中国煤炭资源最丰富的省，煤炭储量占全国总储量的 1/3，有“煤海”之称。该省电力充足，是向省外输出电量最多的省份，北京 1/4 的电力来自山西。山西是中华文明发祥地之一，旅游资源丰富，其中，大同云冈石窟、平遥古城、五台山为世界文化遗产。

辽宁省　简称“辽”，位于中国东北部。省会沈阳市是国家历史文化名城，素有“一朝发祥地，两代帝王都”之称。沈阳故宫始建于 1625 年，是中国现存最完整的两座宫殿建筑群之一。辽宁渔业资源丰富，海水养殖面积居全国第二位。辽宁省民族众多，其中，满族人口 533.7 万人，占全国满族人口的 51.4%。

吉林省　简称“吉”，位于中国的东北部。省会长春市是中国著名的“汽车城”。吉林省长白山区素有“长白林海”之称，是中国六大林区之一。长白山区矿泉水资源储量丰富，是与阿尔卑斯山和北高加索地区齐名的世界三大矿泉水富集地之一。吉林省野生动植物资源丰富，如东北虎、豹、梅花鹿、丹顶鹤等一批国家一级保护野生动物，在国际濒危物种的拯救与保护中具有极为重要的地位。吉林雾凇冰雪节、长春电影节、延边朝鲜族民俗节吸引着大批中外游客。

黑龙江省 简称“黑”，是中国最东北的省份，有“北大仓”之称。省会哈尔滨市是中国有名的“冰城”，一年一度的冰雕艺术节吸引着中外游客。黑龙江省土地肥沃，是世界著名的三大黑土带之一，也是北方地区水资源最丰富的省。现在黑龙江省已成为冰雪游、森林游、避暑游等专项旅游的胜地。

图 2-1 哈尔滨冰雪大世界

南京先后有东吴、东晋，南朝的宋、齐、梁、陈等王朝在此建都，所以史称“六朝古都”。

江苏省 简称“苏”，位于长江下游，东临黄海。省会南京市是著名的“六朝古都”。江苏的内河航运总里程约2.4万千米，位居中国第一。江苏地处美丽富饶的长江三角洲，是著名的鱼米之乡。江苏自古就是旅游胜地，苏州市被称为“人间天堂”，苏州古典园林被联合国教科文组织确定为世界文化遗产。苏州丝绸、刺绣，宜兴紫砂天下闻名。

中国七大古都指安阳、西安、洛阳、北京、开封、南京和杭州。

浙江省 简称“浙”，地处中国东南沿海，东临东海。省会杭州市是中国“七大古都”之一，以秀丽迷人的西湖风光闻名于世，自古就有“上有天堂，下有苏杭”的美誉。浙江舟山渔场是中国最大的渔场，海洋资源丰富。浙江省的森林覆盖率达60%，被称为中国“东南植物宝库”。浙江自然风光与人文景观交相辉映，纵横交错的风景名胜遍布全省，有国家级非物质文化遗产217项，中国历史文化名村、名镇数量居全国第一。

图2-2 杭州西湖

安徽省　简称“皖”，是东部的内陆省份。安徽省动植物种类丰富，其中国家一级保护野生动物21种。安徽矿产储量丰富，已勘探发现的各类矿种为159种。该省因出产“文房四宝”中的纸、墨、砚而闻名。现有黄山、九华山等12个国家级风景名胜区，有亳州、寿县、歙县、安庆和绩溪5座国家级历史文化名城。全省少数民族常住人口约40万人，其中人数最多的是回族。

福建省　简称“闽”，位于中国东南沿海。省会福州市因城中榕树多又称“榕城”。福建依山临海，是“海上丝绸之路”“郑和下西洋”的起点，也是著名的商贸集散地。该省海域面积比陆地面积还大，拥有世界上50%的水产品品种。福建土楼作为世界民居建筑的奇葩吸引着中外游客。福建是著名的侨乡和台胞祖籍地。

图 2-3　福建客家土楼

江西省 简称“赣”，位于中国东南部，在长江中下游南岸。江西生态环境优越，鄱阳湖是闻名世界的水鸟越冬地，被称为“珍禽王国”。省内矿产资源极为丰富，已建成亚洲最大的铜矿和中国最大的铜冶炼基地。江西被誉为“红色摇篮、绿色家园”，旅游资源丰富，庐山、井冈山、中国“瓷都”景德镇、“千年名楼”滕王阁等吸引着大批中外游客。

山东省 简称“鲁”，位于中国东部沿海、黄河下游。省会济南市因泉水众多又名“泉城”。山东是儒家思想的代表人物孔子和孟子的故乡，被称为“孔孟之乡”。山东是全国粮食作物和经济作物重点产区，素有“粮棉油之库，水果水产之乡”之称。山东海洋资源丰富，海珍品产量居全国首位。山东自然和人文旅游资源众多，有世界自然文化遗产泰山，世界文化遗产曲阜孔庙、孔府和孔林，以及著名的海滨城市青岛、烟台、威海等。

河南省 简称“豫”，地处中原，因其大部分在黄河以南而得名。河南省是华夏文明的重要发源地，是中国古都数量最多的省份。闻名于世的少林武术和太极拳也都发源于河南。众多的文物、古迹和黄河等自然风光，构成了河南丰富的旅游资源。

湖北省 简称“鄂”，位于中国中部、长江中游，因在洞庭湖之北而得名。湖北是中国古代文化的发祥地之一，山水风光独特，文化积淀深厚，山水名胜、文物古迹遍布全省。光辉灿烂的楚文化遗迹、雄伟壮观的长江三峡、“道教第一山”武当山、“绿色宝库”神农架等为世人瞩目。古人类长阳人遗址、炎帝庙、黄鹤楼、三国赤壁等人文旅游景观时代跨度大，历史价值高。

湖南省 简称“湘”，位于长江中游的江南地区，因其大部分地处洞庭湖以南而得名。湖南省是中国“有色金属之乡”，也是中国南方产煤较多的省份。湖南有著名的佛教圣地和避暑胜地“南岳”衡山，有“江南三大名楼”之一的岳阳楼，有地貌奇特的武陵源风景区。湖南张家界地质公园被列入首批世界地质公园，也是中国第一座国家森林公园。马王堆汉墓、“千年学府”岳麓书院、湘潭韶山冲毛泽东故居等都久负盛名。

广东省 简称“粤”，是位于中国大陆南端的一个沿海省份，北回归线从这里穿过。省会广州市又被称为“羊城”和“穗城”，是中国南方最大的商贸中心。广东盛产热带水果，其中菠萝、香蕉、荔枝、龙眼和柑橘被誉为岭南佳果。广东水产资源丰富，鳗鱼产量占全国产量的80%，养殖海水珍珠产量居全国首位。广东省的森林覆盖率达57%。深圳市是中国第一个经济特区，这里的“锦绣中华”是世界上面积最大、内容最丰富的实景微缩景区。

广州有好几个别称：羊城、穗城和花城。这些别称吉祥而美丽，还有一段动人的传说。从前，楚国连年灾害，百姓饥寒交迫。有一天，五位仙人分骑五色神羊降临广州，把各自带来的谷种送给当地的人。由于这则美丽的传说，广州很早就有了“五羊城”“羊城”和“穗城”之称。在中国人的观念里，羊是吉祥的动物，谷穗又象征风调雨顺、五谷丰登。这些名称受到当地人民的喜爱，于是越传越远，还出现了以这则传说为题材的雕塑作品。

海南省 简称“琼”，位于中国最南端。海南省是中国最大的经济特区，有“东方夏威夷”的美称。海南是中国最具热带海洋气候特色的地方，有以尖峰岭为代表的热带原始森林、以“万泉河风光”为代表的大河瀑布、以黑冠长臂猿和坡鹿为代表的珍禽异兽。作为中国唯一的黎族聚居区，海南具有独特的黎族文化风情。

四川省　简称“川”或“蜀”，位于中国西南，地处长江上游。省会成都市为中国西南地区的科技、商贸、金融中心和交通、通信枢纽。四川物产丰富，被称为“天府之国”。中国国宝大熊猫主要生活于四川，水杉、银杉等“活化石”树种有1/5生长在四川。四川旅游资源丰富，世界自然文化遗产众多，拥有九寨沟、黄龙、都江堰、青城山、乐山大佛、峨眉山、杜甫草堂等享誉海内外的旅游景区。四川省是一个多民族的大家庭，有中国第二大藏区、中国最大彝族聚居区和中国唯一的羌族自治县。

贵州省　简称“黔”或“贵”，位于中国西南的云贵高原东部，省会是贵阳市。贵州植物资源非常丰富，是中国四大中药材产区之一。贵州不但有“江南煤海”的美称，而且磷矿储量占中国总量的44%。贵州高原山地居多，素有“八山一水一分田”之说，是全国唯一没有平原支撑的省份。贵州出产的茅台酒是世界三大蒸馏名酒之一，被誉为中国的国酒。贵州省有梵净山等世界自然遗产，有黄果树瀑布、龙宫等国家级风景名胜区，有茂兰喀斯特原始森林等10个国家级自然保护区。

云南省　简称“滇”或“云”，位于中国西南边陲，省会昆明市因气候四季如春又被称为“春城”。云南自然地理环境得天独厚，有“植物王国”“有色金属王国”“药材之乡”“动物王国”的美誉。云南是旅游大省，大理三塔、丽江古城、玉龙雪山、西双版纳等美景令中外游人陶醉。云南是少数民族人口数超过千万的三个省、自治区之一，民族自治地方的土地面积占全省总面积的70.2%。

图 2-4　玉龙雪山

陕西省　简称“陕”或“秦”，地处中国内陆，位于黄河中游。省会西安市，古称长安，是中国著名的“千年古都”。陕西有“古代历史博物馆”之称，从西周到唐朝有十多个王朝在这里建都，72 座古代帝王陵墓成为再现当时社会政治、经济、文化的佐证。黄帝陵、兵马俑、法门寺等十大景观堪称“中国之最”。特别是秦始皇陵及兵马俑，被联合国教科文组织列入世界文化遗产名录。陕西名吃众多，其中，肉夹馍、牛羊肉泡馍等多次入选陕西“名小吃”。

甘肃省　简称“甘”或“陇”，地处黄河上游，是中国五大牧区之一。省会兰州市是中国西北地区重要的工业基地和综合交通枢纽。甘肃药材资源极为丰富。石油工业是该省最重要的产业，酒泉卫星发射中心是综合性现代化航天发射中心。甘肃省是中国古代“丝绸之路”

的必经之地，自古为中原通往西南、西北的交通要道，留下了大量的文化古迹。其中，中国长城的最西端嘉峪关、敦煌莫高窟的千佛洞壁画世界闻名。

图 2-5　甘肃敦煌莫高窟

青海省　简称“青”，位于青藏高原东北部，因省内有中国最大的内陆咸水湖——青海湖而得名。青海省省会是西宁市。青海有 50 多种矿产，居中国前 10 位，著名的“聚宝盆”——柴达木盆地富含石油天然气资源，盛产的岩盐足够全世界吃 500 年。青海省是中国五大牧区之一，牦牛数量居全国第一，占世界牦牛总量的 1/3。青海还有驰名中外的贵重药材——冬虫夏草，其产量约占全国总产量的 70%。

台湾省　简称“台”，在中国东南海上，东海和南海之间。台湾岛是中国第一大岛，是世界上少有的热带“高山之岛”，以“山高、林密、瀑多、岸奇”为特点，阿里山、日月潭等中外闻名。台湾省动植物资源非常丰富，有“米仓”“东方糖库”“水果之乡”“森林之海”“东南盐库”“兰花王国”“蝴蝶王国”“珊瑚王国”“鱼仓”等美誉。

二、自治区

自治区、自治州、自治县是指在国家统一领导下，各少数民族聚居的地方实行区域自治，设立自治机关，行使自治权的地方。中国有5个自治区：内蒙古自治区、广西壮族自治区、西藏自治区、宁夏回族自治区、新疆维吾尔自治区。另外，在部分少数民族集中的省份还专门设立了自治州和自治县。

内蒙古自治区　简称“蒙”，位于中国的北方，是跨经度最广的省级行政区，也是最早设置的民族区域自治区。首府是呼和浩特市。

图 2-6　内蒙古草原上的蒙古包

内蒙古以农牧业为主，草原面积约8666.7万公顷，占全国的73.3%。中国古代就有“风吹草低见牛羊”等诗句赞美其独具特色的草原风光，今天越来越多的中外游客来到这里欣赏草原美景。内蒙古矿产资源丰富，其中稀土查明资源储量占世界首位。

广西壮族自治区 简称“桂”，是沿海的省级行政区，位于中国南部边陲。首府是南宁市。广西矿产种类多，储量大，锰、铝、锡、铁、砷等十余种矿产居全国第一位。广西自然风光优美，桂林、阳朔一带是世界闻名的旅游景区，有“桂林山水甲天下”的美称。广西地貌奇特，“无山不洞，无洞不奇”，芦笛岩、七星岩、冠岩远近闻名。广西境内冷、热、温、沸四泉均有，是度假、疗养的好去处。

西藏自治区 简称“藏”，地处中国的西南边陲，位于青藏高原的西部和南部。首府拉萨市全年日照时间3000小时以上，被称为“日光城”。西藏自治区平均海拔4000米以上，海拔8844.43米的世界最高峰——珠穆朗玛峰就耸立在中国与尼泊尔的边界上。雅鲁藏布江大峡谷最深处达6009米，是地球上最深的峡谷。西藏的地热蕴藏量居全国首位。青藏高原特产珍稀物种有藏羚羊、野牦牛、白唇鹿等。西藏是藏传佛教的中心，位于拉萨市的世界文化遗产布达拉宫，每年都吸引着众多信徒和游客前来朝拜和参观。

宁夏回族自治区 简称“宁”，处在中国西部的黄河上游地区。首府银川市自古就有“塞上江南”的美誉。宁夏风光以“大漠、黄河、西夏、回乡”为亮点。“天下黄河富宁夏”，银川平原沃野千里。灵武水洞沟旧石器文化遗址是中华史前文明的缩影，贺兰山脉有古老神奇的岩画和被誉为“东方金字塔”的西夏王陵。宁夏有数百千米的古长

图 2-7　西藏布达拉宫

城遗迹；还有众多的庙宇、寺院、古塔，这些庙宇、寺院、古塔风格迥异，瑰丽多彩。

新疆维吾尔自治区　简称“新”，位于亚欧大陆中部，地处中国西北边陲。首府是乌鲁木齐市。新疆维吾尔自治区是中国面积最大的省级行政区，约占中国陆地总面积的1/6，也是中国陆地边境线最长、交界邻国最多的省级行政区。举世闻名的“丝绸之路”横贯新疆。新疆盛产的长绒棉、维吾尔族铜器、伊宁皮革、和田地毯等中外驰名。新疆被称为“歌舞之乡”“瓜果之乡”，丰富多彩的民间文娱活动和甘甜清香的瓜果吸引着大批游客。

第三节　直辖市与特别行政区

一、直辖市

直辖市是由中央直接管辖的市，是国家一级行政区。中国现有 4 个直辖市：北京、上海、天津、重庆。

北京市　简称“京”。北京是中华人民共和国的首都，是中国的政治、文化中心，也是国际交流中心、科技创新中心，是世界闻名的历史文化名城。1949 年设立为直辖市。北京是著名的“北京猿人”的故乡，有 3000 多年的建城史，曾经是辽、金、元、明、清五朝帝都。北京名胜古迹众多，其中，故宫、长城、周口店北京人遗址、颐和园、天坛和明清皇家陵寝等已被联合国教科文组织列为世界文化遗产。

上海市　简称“沪”。上海是中国第一大城市，是中国最大的经济中心、工业中心、商贸中心和科技中心。1949 年设立为直辖市。上海是近现代中国的“缩影”，中国有“两千年历史看西安，一千年历史看北京，一百年历史看上海”的说法。上海港作为中国最大的港口，其吞吐量居世界首位。如今，上海正致力于建设成为国际经济中心、国际金融中心、国际贸易中心及国际航运中心。

图 2-8　上海夜景

天津市　简称“津”。天津是中国北部主要工商业城市和中国北方最大的沿海开放城市，自古以来就有“渤海明珠”之称。1949 年设立为直辖市。天津是连接华北、东北、西北地区的交通枢纽。天津拥有北方最大的人工港——天津港，是从太平洋彼岸到欧亚内陆的主要通道和欧亚大陆桥的主要出海口。天津由于开埠较早，至今保留着 19 世纪末到 20 世纪初东西方各国的各类建筑一千多幢，有“万国建筑博物馆”之称。

长江三峡是瞿塘峡、巫峡和西陵峡三段峡谷的合称，西起重庆市奉节县的白帝城，东到湖北省宜昌市的南津关，长193千米。

重庆市 简称"渝"。重庆是中国西南地区最大的工商业中心和长江上游水陆交通枢纽，有"山城""江城""火炉""雾都"之称。1997年设立为直辖市。重庆自然风光与人文景观交融，特色旅游景点有气势磅礴的长江三峡，美丽迷人的山城夜景，世界文化遗产大足石刻，集儒家、道教、佛教文化为一体的"鬼城"丰都名山等。此外，麻、辣、烫、鲜、香的火锅，以"变脸"艺术为代表的川剧，独特的茶馆文化，长江上游的巴渝文化等都吸引着大批中外游客。

二、特别行政区

特别行政区是直辖于中央政府的地方行政区域，行政区内实行的制度按照具体情况由全国人民代表大会以法律规定。目前，中国有香港和澳门2个特别行政区。

香港特别行政区 简称"港"，包括香港岛、九龙和新界。香港有"东方之珠""动感之都""美食之都"的美称。1997年7月1日，中国政府对香港恢复行使主权，香港特别行政区成立。中国政府在香港特别行政区实行"一国两制"方针，除外交和国防事务外，香港特别行政区享有高度自治权，实行"港人治港"。作为国际著名的贸易中心和自由港，世界各地的货品在香港应有尽有，而且大部分进口货品免税，是名副其实的"购物天堂"。

澳门特别行政区 简称"澳"，包括澳门半岛、氹仔岛和路环岛。1999年12月20日，中国政府对澳门恢复行使主权，澳门特别行政区成立，在“一国两制”的政策下实行“澳人治澳”“高度自治”。澳门的经济主要由出口制造业、旅游博彩业、金融业和地产建筑业等构成。

思考与练习

一、填空

1. 中国的4个直辖市是北京、上海、天津和________。
2. ________是中国面积最大的省级行政区，约占中国陆地总面积的1/6。
3. 唐代诗人李白有“蜀道之难，难于上青天”的名句，其中“蜀”是______的简称，此地又被称为“天府之国”。

二、选择

1. 中国最大的经济特区是________。

   A. 海南　　B. 深圳　　C. 汕头　　D. 厦门

2. ________省是孔子和孟子的故乡，又被称为“孔孟之乡”。

   A. 河南　　B. 山东　　C. 山西　　D. 河北

3. ________四季如春，气候宜人，被誉为中国的“春城”。

   A. 昆明　　B. 桂林　　C. 长春　　D. 贵阳

三、简答

1. 中国的省、自治区、直辖市、特别行政区都有自己的简称，请列举出至少6个。
2. 请谈一谈中国行政区域的划分原则。

第三章

中国的地理与资源

中国位于亚洲东部、太平洋西岸。陆地面积约 960 万平方千米，东部和南部大陆海岸线 1.8 万多千米，内海和边海的水域面积约 470 多万平方千米。在中国辽阔的陆地和海洋国土上，分布着复杂多样的地势地形、种类丰富的自然资源和数量众多的世界遗产。

第一节 地 理

一、疆域

中国陆地面积约960万平方千米，约占世界陆地总面积的1/15，仅次于俄罗斯和加拿大，居世界第三位。

中国国土大部分地处中纬度，最北端在黑龙江省漠河附近的黑龙江江心，最南端在海南省南沙群岛的曾母暗沙附近，南北距离约5500千米，跨纬度约50°。当南方的海南人已经穿上夏装的时候，北方的黑龙江人还穿着厚厚的冬衣。

中国国土的最东端在黑龙江和乌苏里江汇合处，最西端在帕米尔高原上。东西距离约5200千米，跨经度约62°，时差在4小时以上。但为了方便，国内时间以东八区为统一标准，并称其为“北京时间”。

中国东部及南部临海，大陆海岸线1.8万多千米。内海和边海的水域面积470多万平方千米。环绕中国大陆边缘的海，自北至南为渤海、黄海、东海和南海，它们与太平洋连成一片。海域分布有大小岛屿7600多个，其中台湾岛最大，面积约3.58万平方千米。

中国陆地边界长达2.28万千米。中国同14个国家接壤：东邻朝鲜，北邻蒙古，东北邻俄罗斯，西北邻哈萨克斯坦、吉尔吉斯斯坦、塔吉克斯坦，西和西南与阿富汗、巴基斯坦、印度、尼泊尔、不丹等国家接壤，南与缅甸、老挝、越南相连。东部和东南部同韩国、日本、菲律宾、文莱、马来西亚、印度尼西亚隔海相望。

二、地势和地形

地势西高东低 中国地势的总体特征是西高东低，自西向东，像阶梯一样，逐渐下降。地势的第一级阶梯是青藏高原，平均海拔 4000 米以上，有“世界屋脊”之称。高原上的喜马拉雅山主峰珠穆朗玛峰海拔 8844.43 米，是世界最高峰。第二级阶梯平均海拔 1000 ～ 2000 米，在这一阶梯上，分布着许多大型的高原和盆地。云贵高原、内蒙古高原、黄土高原以及第一阶梯上的青藏高原，是中国著名的四大高原；塔里木盆地、准噶尔盆地、四川盆地以及第一阶梯上的柴达木盆地，是中国著名的四大盆地。吐鲁番盆地在天山东部，中部地势低洼，艾丁湖底低于海平面 155 米，是中国陆地上的最低点。第三级阶梯海拔多在 500 米以下，从北向南分布着东北平原、华北平原和长江中下游平原，此外，还有交错分布的丘陵和低山。从中国陆地的第三阶梯向海面以下延伸，就是浅海大陆架，这里水深大都在 200 米以内，比较平缓，海洋资源丰富。

图 3-1　世界最高峰——珠穆朗玛峰

地形多种多样 中国地形最大的特点是复杂多样，世界陆地上的5种基本地形在中国都有分布。各类地形占全国陆地面积的比例是：高原33.3%，山岭26.04%，平原18.75%，盆地11.98%，丘陵9.9%。

三、气候

由于纬度不同，从南到北，中国（除青藏高原区外）跨越了热带、亚热带、暖温带、中温带和寒温带等5个温度带。其中亚热带、暖温带、中温带三者的面积占全国面积的70%。又因位于大陆东部，季风气候显著。大部分地区受来自太平洋和印度洋夏季风的影响，夏季高温多雨，普遍炎热，冬季寒冷少雨，南北气温差别特别大。

中国的降水量地区分布不均匀，从东南向西北逐渐减少，各地年平均降水量差异很大。东南沿海年平均降水量可达1500毫米以上；而距海遥远、夏季风难以到达的中国西北内陆和青藏高原则为干旱地区，西北内陆年平均降水量还不到200毫米。

第二节　资源

一、水资源

中国水资源总量位居世界前列，但是人均径流量仅为2200立方米，低于许多国家，是世界人均径流量的24.7%。中国水资源的分布情况是南多北少。中国主要的淡水资源是河流和湖泊。

径流是指降水除蒸发的、被土地吸收的和被拦堵的以外，沿着地面流走的水。渗入地下的水也可以形成地下径流。径流量是指在某一时段内通过河流某一断面的水量，是用来测量水资源最重要的水文要素之一。

河流 中国是世界上河流最多的国家之一。中国有许多大江大河，其中最长的河是长江，全长6300千米，是世界第三大河。长江贯通中国东、中、西部的水上运输，被称为“黄金水道”。中国的第二大河是黄河，全长5500千米。黄河流域农业发达，是中国古代文明的发祥地之一，因此又被称为“母亲河”。除天然河流外，中国还有一条著名的人工河——京杭运河。京杭运河在公元前5世纪开始开凿，北起北京，南到浙江杭州，全长1801千米，贯穿南北，是世界上开凿最早、最长的人工河。

湖泊 中国是多湖泊国家。根据2011年的数据，面积在1平方千米以上的天然湖泊就有2800多个，但在地区分布上很不均衡。中国的淡水湖群主要分布在东部季风区，江西省的鄱阳湖是中国最大的淡水湖。内陆咸水湖主要分布在中国西部，青海省的青海湖既是中国最大的内陆湖，也是中国最大的咸水湖。

图3-2 中国最大的内陆咸水湖——青海湖

二、土地资源

中国土地资源主要包括耕地、森林和草原等。中国土地资源有四个基本特点：绝对数量大，人均占有少；类型复杂多样，耕地比重小；利用情况复杂，生产力地区差异明显；地区分布不均，保护和开发问题突出。

耕地　截至2016年年底，中国实有耕地面积为13495.66万公顷，仅次于美国、俄罗斯和印度，在世界上排第四位。中国耕地主要集中在东部，东北平原、华北平原、长江中下游平原、四川盆地和珠江三角洲是耕地分布最集中的地区。

森林　目前中国的森林总面积约为2.08亿公顷，居俄罗斯、巴

图3-3　中国东北的森林

西、加拿大、美国之后，居世界第五位。森林覆盖率 21.63%，低于全球 31% 的平均水平，人均森林面积仅为世界人均水平的 1/4。2014 年的数据显示，中国森林资源连续 30 年持续增长，其中人工林面积 0.69 亿公顷，居世界首位，但是中国森林资源仍然面临总量不足、分布不均衡等问题。中国最大的天然林区在东北地区。中国森林植物多达 5000 多种，有“植物王国”的称号。

草原　中国是一个草原资源大国，拥有各类天然草原面积近 4 亿公顷，覆盖着 2/5 的国土面积，仅次于澳大利亚，居世界第二位。北方和西部各省、自治区是中国天然草原的主要分布区。内蒙古草原是中国最大的天然牧场，出产著名的三河牛、三河马等。

三、矿产资源

中国矿产资源丰富，而且储量丰富。目前，中国已经探明储量的矿产有 157 种，煤、铁、铜、银等主要矿产储量都居世界前列。

四、动物和植物资源

动物　中国是世界上动物资源最丰富的国家之一。据统计，陆栖脊椎动物约有 2070 种，约占世界陆栖脊椎动物的 9.8%。有些动物是中国特有的珍稀动物，如大熊猫、金丝猴、华南虎等。其中，大熊猫主要生活在中国的西南地区，数量十分稀少，属于国家一级保护动物，被誉为“中国国宝”。大熊猫由于极其珍贵，已经成为世界自然基金会的标志。此外，大熊猫还被作为友好使者赠送到美国、澳大利亚、德国等国家，受到全世界人民的喜爱。

图 3-4 “中国国宝”大熊猫

植物　中国植物种类丰富多样，约有 3 万多种，仅次于马来西亚和巴西，居世界第三位。北半球寒、温、热各温度带的主要植物，在中国几乎都可以看到。中国可以用来入药的植物有 4000 多种，长白山的人参、西藏的红花、宁夏的枸杞等，都属于名贵的中药材。中国花卉植物种类极多，其中牡丹被称为“花中之王”，受到人们的喜爱。

第三节　文化与自然遗产

世界遗产包括文化遗产、自然遗产、文化与自然双重遗产。这些世界遗产是被联合国教科文组织和世界遗产委员会确认的、人类罕见的、目前无法替代的财富，是人类公认的具有突出意义和普遍价值的文物古迹及自然景观。目前，中国是拥有世界遗产最多的国家之一。截至2018年7月，中国共有世界遗产53项，其中世界文化遗产36项、世界自然遗产13项、世界文化与自然双重遗产4项。

一、世界文化遗产

中国有无数文化古迹。长城作为中华民族的象征，已经成为中国最著名的旅游景点。四川的乐山大佛是中国最大的一尊摩崖石刻造像，是中国石窟艺术杰出的代表。湖北省武当山风景秀丽，是中国著名的道教圣地，这里有中国现存最完整、规模最大、等级最高的道教古建筑群。中国有100座历史文化名城，大多有上千年的历史，如苏州、杭州自古就有“人间天堂”的美称。此外，平遥古城、丽江古城是中国著名的古城，吸引着大批中外游客。

莫高窟　莫高窟是位于甘肃省敦煌市崖壁上的石窟群，规模宏大，上下五层，南北长约1600米。始凿于公元366年，后经十几个朝代的开凿，形成一座现存492个洞窟的石窟群。莫高窟内容丰富，包括壁画4.5万平方米，彩塑2400余身，飞天4000余身，唐宋木结构建筑5座，莲花柱石和铺地花砖数千块，是一处由建筑、绘画、雕塑组成的综合艺术殿堂，是世界上现存规模最宏大、保存最完好的佛教艺术宝库，被誉为“东方艺术明珠”。20世纪初发现的藏经洞内藏有4到10世纪的经书、文书和文物五六万件，引起国内外学者极大关注，形成了著名的敦煌学。

长城　长城是人类文明史上最伟大的建筑工程之一，它始建于2000多年前的春秋战国时期，秦朝统一中国之后连成万里长城。汉、明两代又曾大规模修筑，工程浩大，气势雄伟，堪称世界奇迹。“不到长城非好汉”，登上长城，人们不仅能目睹长城雄姿，还能领略到中华民族的悠久历史。

秦始皇陵及兵马俑 秦始皇陵位于陕西西安市临潼区东5千米，距西安市区36千米，是秦始皇的陵墓。陵墓规模宏大，气势雄伟，陵园总面积为56.25平方千米，是中国历史上第一座皇帝陵，也是最大的皇帝陵。1974年以来，在陵园东1.5千米处发现从葬兵马俑坑3处，出土陶俑8000余件、战车百乘以及实物兵器数万件，1980年又在陵园西侧出土青铜铸大型车马2乘。秦始皇陵及兵马俑坑引起全世界的震惊和关注，被誉为“世界第八奇迹”。

孔府、孔庙及孔林 孔府、孔庙及孔林位于山东省曲阜市，是中

图3-5 秦始皇陵兵马俑一号坑

国历代纪念孔子、推崇儒学的表征，以丰厚的文化积淀、悠久的历史、宏大的规模、丰富的文物珍藏而著称。孔府是孔子后代子孙们居住的地方；孔庙是后人纪念孔子的地方；孔林是孔子及其后代的坟墓，是世界上延续时间最长的家族墓地。

布达拉宫、大昭寺、罗布林卡 布达拉宫在拉萨市西北的玛布日山上，是著名的宫堡式建筑群，是藏族古建筑艺术的精华。布达拉宫始建于公元7世纪，是藏王松赞干布迎娶唐朝文成公主所建。后多次扩建，占地36万平方米，宫体主楼13层，高200余米，全部为石木结构，5座宫顶覆盖镏金铜瓦，金光灿烂，气势雄伟。布达拉宫分为两大部分：红宫和白宫。红宫位居中央，主要用于宗教事务；两翼刷白粉的是白宫，是历世达赖喇嘛生活起居和政治活动的场所。大昭寺，位于拉萨市老城区中心，是一座藏传佛教寺院，藏王松赞干布始建，距今已有1350年的历史。大昭寺是西藏现存的最辉煌的吐蕃时期的建筑，也是西藏最早的土木结构建筑，它融合了不同朝代、不同国家的建筑风格，成为藏式宗教建筑的千古典范。罗布林卡位于布达拉宫西侧约2千米的拉萨河畔，在藏语中意为“宝贝园林”。它始建于公元18世纪中叶，是西藏人造园林中规模最大、风景最佳、古迹最多的园林。1994年，布达拉宫被列为世界文化遗产，后来又加入了大昭寺，2001年12月，罗布林卡也被补充加入此项世界文化遗产。

二、世界自然遗产

中国地大物博，美景无数，拥有高山、湖泊、峡谷、溶洞、瀑布等众多自然景观。其中，很多被列入世界自然遗产名录。

中国南方喀斯特 喀斯特即岩溶，是水对可溶性岩石进行溶蚀等作用所形成的地表和地下形态。喀斯特地貌在中国分布广泛，其中，南方地区的喀斯特地貌总面积达 1460 平方千米，占整个中国喀斯特面积的 55%，主要分布于热带至亚热带地区，如云南石林、贵州荔波、重庆武隆等地。中国南方喀斯特具有地貌多样、生物生态丰富等特点。

三江并流 “三江并流”自然景观位于青藏高原南延部分的横断山脉纵谷地区，由怒江、澜沧江、金沙江及其流域内的山脉组成，整个区域达 4.1 万平方千米，形成了世界上罕见的“江水并流而不交汇”的奇特自然地理景观。它地处东亚、南亚和青藏高原三大地理区域的交汇处，是世界上罕见的高山地貌及其演化的代表地区，也是世界上生物物种最丰富的地区之一。

九寨沟 九寨沟风景名胜区位于四川省阿坝藏族羌族自治州，距离成都市 400 多千米，是一条纵深 50 余千米的山沟谷地，因周围有 9

图 3-6 九寨沟五花海

个藏族村寨而得名，总面积约6.4万公顷，大约有80%的面积被茂密的原始森林所覆盖。自然景色兼有湖泊、瀑布、雪山、森林。有举世闻名的大熊猫、金丝猴、白唇鹿等珍稀动物，有“童话世界，人间仙境”的美誉。

三、世界文化与自然双重遗产

泰山 泰山位于山东省泰安市，气势雄伟磅礴，有“五岳之首”“天下第一山”之称。泰山被古人视为“直通帝座”的天堂，是百姓崇拜、帝王告祭的神山，有“泰山安，四海皆安”的说法。从秦始皇开始到清代，先后有13代帝王亲登泰山封禅或祭祀。泰山是灿烂东方文化的缩影，是“天人合一”思想的寄托之地。

峨眉山—乐山大佛 峨眉山位于中国四川省乐山市峨眉山市，是中国“四大佛教名山”之一，地势陡峭，风景秀丽。峨眉山宗教文化，特别是佛教文化构成了峨眉山历史文化的主体，所有的建筑、造像、音乐、绘画等都展示出宗教文化的浓郁气息。峨眉山处于多种自然要素的交汇地区，生物种类丰富，特有物种繁多，保存有完整的亚热带植被体系，有植物3200多种，约占中国植物物种总数的1/10。峨眉山还是多种稀有动物的栖居地，动物种类达2300多种。山路沿途有很多猴群，常常结队向游人讨食，成为该山的一大特色。乐山大佛位于峨眉山以东，岷江、大渡河、青衣江三江汇流处，是在临江峭壁凿造的一尊弥勒坐像。大佛依岩端坐，俯视三江，庄严肃穆。佛像通高71米，头高14.7米、直径10米，仅一只佛足就宽5.5米、长11米，上面可围坐百人以上。乐山大佛素有“山是一尊佛，佛是一座山”之称，是中国最大的一尊摩崖石刻造像。

思考与练习

一、填空

1. 中国的陆地面积约________平方千米。

2. 世界陆地上的5种基本地形在中国都有分布。各类地形占全国陆地面积的比例是：高原33.3%，山岭26.04%，平原18.75%，________11.98%，丘陵9.9%。

3. 江西省的________是中国最大的淡水湖。

4. 被联合国教科文组织列入世界文化遗产的“孔府、孔庙、孔林”位于________省曲阜市。

二、选择

1. ________既是中国最大的内陆湖，也是中国最大的咸水湖。

   A. 洞庭湖　B. 鄱阳湖　C. 太湖　D. 青海湖

2. 中国有“四大高原”，其中有“世界屋脊”之称的是________。

   A. 黄土高原　B. 青藏高原　C. 内蒙古高原　D. 云贵高原

3. 被列入世界文化与自然双重遗产的山是________。

   A. 华山　B. 香山　C. 泰山　D. 五台山

4. 中国最大的天然林区在________。

   A. 东北地区　B. 华南地区　C. 西北地区　D. 华北地区

三、简答

1. 请列举出中国的5个邻国。

2. 中国的地势有什么特点？

第四章

中国的人口、民族与语言文字

中国是一个多人口、多民族的国家，共有56个民族。同时，中国也是一个多语言、多方言、多文字的国家。国家的通用语言文字是普通话和规范汉字。

第一节　人口

本节中出现的人口数量，均来自2018年2月中华人民共和国国家统计局数据。

有一位人口学家这样形容20世纪末的世界人口：它像一列高速开来的列车，背负着60亿人的重量，在这辆列车里，有五分之一的乘客是中国人。中国是世界上人口最多的国家，截止到2017年年底，中国大陆总人口约为13.9亿，人口排名前三位的省份为广东省、山东省、河南省。

中国的人口发展目前呈现出以下几个特点：

第一，人口素质显著提高。随着生活水平的提高和医疗条件的改善，中国人口寿命大大延长。同时，随着中国教育的发展，人口的文化素质也有了显著提高。但与发达国家相比，中国的人口素质仍然总体偏低，成为提升国家竞争力的瓶颈。

中国特色的城乡养老安全网是指以家庭为核心、以社区养老服务网络为外围、以养老制度为保障的居家养老体系。

第二，年龄结构老龄化。在当今中国，60及60周岁以上的老年人约有2.3亿，占中国人口总数的16.6%，而且老龄化的速度还在不断加快，而主要劳动年龄人口数量开始下降。针对这个问题，中国政府做出了很多积极的努力，包括建设具有中国特色的城乡养老安全网、完善养老金储备制度、构建多方合作的养老服务体系等。

图 4-1　晨练的中国老人

第三，城镇人口集中化。中国是一个农业大国，随着中国经济的发展，现在越来越多的劳动力走向城市，从事第二产业、第三产业工作，因此中国人口迅速向城镇集中。目前，中国城镇常住人口 8.13 亿人，乡村常住人口 5.77 亿人，城镇人口已经超过了农村人口，达到总人口比例的 58%。

第四，东西部地区人口密度差距较大。由于环境、自然、气候、资源等因素的影响，大量人口从西部地区流向东部地区，带来了人口结构上的不平衡。中国政府提出的西部大开发战略，对于中西部的经济发展、人口调整都有一定的促进作用。

"西部大开发"的范围包括重庆、四川、贵州、云南、西藏、陕西、甘肃、青海、宁夏、新疆、内蒙古、广西等 12 个省、自治区、直辖市。

第五，人口性别比例失衡。目前，中国男性人口 7.11 亿人，女性人口 6.79 亿人，总人口性别比为 104.8 : 100，这意味着约有 3200 万男性人口将面临"打光棍儿"的危机。这一现象与中国传统的"重男轻女"思想有很大关系，因此，中国政府制定了专门的法律，禁止出于非医学目的进行的胎儿性别鉴定，并制定"关爱女孩行动"等方案。

中国人的传统观念是"早生贵子""多子多福"，这一度使得中国人口增长过快、人口数量过多。在这种背景下，中国政府提出了计划生育政策，提倡晚婚、晚育、少生、优生。1979 年，全国计划生育工作会议召开，提出独生子女政策。1982 年 12 月，"推行计划生育"作为国策被写入宪法，规定："国家推行计划生育，使人口的增长同经济和社会发展计划相适应"，"婚姻、家庭、母亲和儿童受国家的保护。夫妻双方有实行计划生育的义务"。2001 年，通过了《中华人民共和国人口与计划生育法》。实行计划生育以来，中国少出生人口 4 亿多人，有效地缓解了人口对资源、环境的压力，促进了经济发展和社会进步。

"单独二孩"政策指夫妻双方有一方是独生子女，就可以生育两个孩子。

如今，由于人口状况、经济发展和社会需要发生了变化，中国的计划生育政策也不断进行调整。2011 年，中国各省、自治区、直辖市陆续出台新的规定：如果夫妻双方都是独生子女，可以生育两个孩子。2013 年，中国政府启动"单独二孩"政策。2015 年 12 月，经全国人民代表大会审议，中国对实行了 30 多年的独生子女政策进行调整，提出坚持计划生育的基本国策，完善人口发展战略，积极开展应对人口老龄化行动，自 2016 年起实施"全国两

图 4-2　幸福的四口之家

孩”政策，即一对夫妇可生育两个孩子。由于中国人的平均婚育年龄不断推迟，国家也不再专门鼓励晚婚晚育，而是调整为“符合法律、法规规定生育子女的夫妻，可以获得延长生育假的奖励或者其他福利待遇”。

庞大的人口数量一直是中国国情最显著的特点之一。虽然中国已经属于低生育率国家，但中国人口仍将以每年 800 万～ 1000 万的速度增长。预计到 2020 年，中国人口总量将达到 14.2 亿，2033 年前后将达到 14.5 亿。这对中国，乃至世界都是严峻的挑战。

第二节 民族

本节民族人口数量均出自《2010年第六次全国人口普查主要数据公报》。

中国是一个统一的多民族国家，在这片辽阔的国土上一共居住着56个民族。其中，汉族人口占全国总人口的91.5%，其他55个民族占全国总人口的8.5%。在55个少数民族中，人口最多的是壮族。少数民族虽然人数不多，但是地域分布很广，西北、西南及东北地区是中国少数民族分布最集中的地区。中国少数民族种类最多的省份是云南省。

图4-3 中国的56个民族

汉族 汉族现有人口12.3亿人（2010年，未包括香港、澳门特别行政区和台湾省数据），是中国的主体民族，也是世界上人口最多的民族。汉族在中国各地均有分布，特点是东密西疏。汉族主要从事农业，主食以小麦、玉米、稻米等为主，辅以蔬菜、豆制品和肉、鱼、蛋等，茶和酒是传统饮料。汉族的传统节日主要有春节、元宵节、清明节、端午节、七夕节、中秋节、重阳节等，春节是一年中最隆重的节日。

壮族 壮族现有人口约1693万人，是中国少数民族中人口最多的一个民族，主要聚居在广西壮族自治区、云南省，另外广东、贵州、湖南等省也有分布。壮族以农业为主，壮族人喜爱唱歌，壮乡有“歌的海洋”之称。壮族的节日多与当地汉族相同，春节是壮族最隆重的节日。

回族 回族现有人口约1058万人，主要聚居于宁夏回族自治区，此外在全国很多城市都有聚居区，具有“大分散、小集中”的特点。回族在饮食习惯、服装服饰、诞生命名、成年仪式、婚姻和丧葬、节日等习俗上，都有浓厚的伊斯兰教色彩。古尔邦节、开斋节、圣纪节是回族的三大主要节日。

满族 满族现有人口约1039万人，主要居住在东北三省。满族人在历史上精于狩猎和征战。满族男子的传统服装是长袍马褂，戴圆形小帽，妇女则喜欢穿旗袍，腰间挂手帕，头发盘髻。满族传统的满汉全席是中华民族饮食文化的精华。满族的节日和汉族十分相似，主要有春节、元宵节、端午节和中秋节等。

维吾尔族 维吾尔族现有人口约1007万人，主要聚居在新疆维吾尔自治区。维吾尔族的经济以农业为主，在葡萄种植方面有着丰富的经验。维吾尔族男子多穿袷袢，女子多穿连衣裙，而且不论男

袷袢，长过膝、宽袖、无领、无扣，穿时腰间系一长带。

女都喜欢戴四角花帽。大多数维吾尔族人信仰伊斯兰教。维吾尔族的传统节日有肉孜节、古尔邦节、诺鲁孜节等。

苗族 苗族现有人口约943万人，主要聚居于贵州省东南部、广西大苗山、海南及湖南、湖北、四川、云南、广西等省、自治区的交界地带。苗族的传统住房是吊脚楼。苗族服饰式样繁多，色彩艳丽，妇女的服装有上百种样式，堪称中国民族服装之最。苗族的传统银饰也享有盛名。各地苗族过的节日不尽相同，如贵州东南部分地区盛行“苗年”，苗族还有四月八、跳花节等传统节日。

彝族 彝族现有人口约871万人，主要分布于云南、四川、贵州等省和广西壮族自治区的西北部。彝族主要从事农业。彝族人有自己的特色民居，如瓦板房、土掌房、干栏式住宅。彝族宗教具有浓厚的原始宗教色彩，崇奉多神。火把节是彝族最盛大的传统节日。

土家族 土家族现有人口约835万人，主要分布在中国湖南、湖北、重庆、贵州交界地带的武陵山区。土家族人的传统住房主要有茅草屋、土砖瓦屋、木架板壁屋、吊脚楼四种。土家族的傩戏更被称为“中国戏剧的活化石”。土家族崇拜祖先，信仰多神。在节庆方面，土家族将春节改良成自己的年节，比汉族提前一天过年，叫过“赶年”。

藏族 藏族现有人口约628万人，主要分布在辽阔的青藏高原上。藏族经济以高原畜牧业和高原农业为主。藏族地区的交通运输主要使用牦牛，牦牛是青藏高原的特产，有“高原之舟”的美称。藏族大部分人信仰大乘佛教。藏族有些地方通行天葬，又称鸟葬。藏历新年、萨噶达瓦节与雪顿节是藏族的重要传统节日。

图 4-4　牦牛

蒙古族　蒙古族现有人口约 598 万人，主要居住在内蒙古自治区。蒙古族世代以游牧为生，因此又被叫作“马背民族”“草原骄子”。蒙古包是蒙古族牧民的传统住房，长袍是蒙古族人民的传统服饰。萨满教和藏传佛教是蒙古族信仰的主要宗教。传统节日有白节、那达慕等。

侗族　侗族现有人口约 288 万人，主要分布在贵州、湖南等省和广西壮族自治区。侗族主要从事农业。侗族人擅长石木建筑，鼓楼和风雨桥是其建筑艺术的结晶。侗族人信仰多神，崇拜自然物。春节、活路节、吃新节是侗族重要的节日。

布依族　布依族现有人口约 287 万人，主要聚居于贵州、云南、四川的部分地区。布依族以农业为主，布依族喜欢依山傍水聚族而居。“六月六”是布依族仅次于春节的隆重节日。

瑶族 瑶族现有人口约280万人，是一个典型的山地民族，主要分布在广西、湖南、云南等省、自治区的山区。瑶族群众喜爱长鼓舞、铜鼓舞。瑶族的宗教信仰复杂，因地区差异，有巫教、道教和原始宗教等多种。瑶族的主要节日有盘王节、春节、达努节等。

白族 白族现有人口约193万人，分布在云南、贵州、湖南等省，其中以云南省最多，四川省、重庆市等地也有分布。90%以上的白族人口从事农业生产。白族人喜爱白色服装，喜酸辣等口味。三月街和火把节是白族的盛大节日。

朝鲜族 朝鲜族现有人口约183万人，主要分布在东北三省。朝鲜族比较喜爱白色服装，特别喜欢用歌舞来表达自己的感情。朝鲜族男子喜爱摔跤和足球，女子喜爱荡秋千和跳板，吉林省延边朝鲜族自治州更有“足球之乡”的别称。

哈尼族 哈尼族现有人口约166万人，主要分布在云南省西南部。哈尼族主要从事农业，善种梯田，善种茶。哈尼族人的婚礼上有“捶新郎”的有趣习俗。哈尼族信仰多神，崇拜祖先，传统节日主要有十月年（新年）和六月年。

哈尼族人结婚时，迎亲队伍到新娘家，新娘梳妆打扮好以后，会假装生气，用拳捶打新郎，新郎不能还手。等新娘捶够了，新郎便背起新娘往外跑去。捶新郎的本意是考验新郎对爱情的忠诚。

黎族 黎族现有人口约146万人，主要居住在海南岛的中南部。船形屋是黎族的传统住房。黎族人喜欢嚼槟榔、跳竹竿舞。“三月三”是黎族的传统节日。

图 4-5　黎族竹竿舞

哈萨克族　哈萨克族现有人口约 146 万人，主要分布在新疆维吾尔自治区伊犁哈萨克自治州。哈萨克族是一个游牧民族，主要从事畜牧业。叼羊、赛马、姑娘追是哈萨克族人喜爱的娱乐活动。哈萨克族的宗教信仰主要是原始信仰和伊斯兰教，主要节日有古尔邦节、肉孜节、那吾肉孜节。

傣族　傣族现有人口约 126 万人，主要分布在云南省。傣族主食以大米为主，喜欢饮酒，喜酸辣口味。傣族普遍信仰小乘佛教。傣历新年泼水节是最盛大的节日，会举行泼水、赛龙舟、放高升等传统活动。

图 4-6　傣族泼水节

畲族　畲族现有人口约 70.9 万人，90% 以上居住在福建、浙江等省的山区，是中国典型的散居民族之一。畲族以农耕为主，以狩猎为辅。“凤凰装”是畲族妇女的传统服装。畲族的民间信仰主要是祖先崇拜和图腾崇拜。农历三月三乌饭节是畲族的传统节日。

傈僳族　傈僳族现有人口约 70.3 万人，主要聚居在云南省怒江傈僳族自治州。傈僳族的主要节日有刀杆节、澡塘会、过年节等。

东乡族　东乡族现有人口约 62.2 万人，因为居住在河州（今甘肃临夏地区）东乡地区而得名。东乡族以农业为主，出产的桃杏、瓜果、大红枣被誉为“东乡三宝”。东乡族信仰伊斯兰教，开斋节、古尔邦节、圣纪节是东乡族的重要节日。

仡佬族 仡佬族现有人口约55.1万人，主要分布在云贵高原的中部。仡佬族的经济以农业为主。由于长期与汉族杂居，仡佬族的生活习俗和当地汉族相似，春节是他们最大的节日。

拉祜族 拉祜族现有人口约48.6万人，主要分布在云南省。拉祜族在服饰方面以黑为美，习惯用竹筒做饭菜。拉祜族信仰大乘佛教和基督教，重要节日有春节、火把节和尝新节等。

佤族 佤族现有人口约43万人，主要分布在云南省西部和西南部、澜沧江以西和怒江以东。佤族人主要从事农业和狩猎，喜欢住竹楼，主食以大米为主，普遍喜欢饮酒、品茶。佤族宗教信仰有原始宗教、佛教和基督教。

水族 水族现有人口约41.2万人，主要聚居于贵州省、广西壮族自治区交界的龙江、都柳江上游等地。水族主要从事农业，水族地区是鱼米之乡。水族的节日中最隆重的是端节和卯节。

纳西族 纳西族现有人口约32.6万人，主要聚居于云南省丽江纳西族自治县。纳西人主要从事农业，信仰东巴教和藏传佛教等。纳西族的主要节日有春节、火把节、三月龙王庙会等。

羌族 羌族现有人口约31万人，主要居住在四川省阿坝藏族自治州各县。溜索是羌族人不可缺少的交通工具，在波涛汹涌的岷江上，人们用碗口粗的竹缆系在两岸的石柱上，用皮带或麻绳系在腰间，身子挂在竹缆上滑到对岸。每年的农历十月初一是羌族的新年。

土族 土族现有人口约29万人，主要居住在青海省互助土族自治县等地。土族人从事农业和畜牧业。土族基本上是全民信仰藏传佛教。春节和纳顿节是土族最热烈、最隆重的两大节日。

仫佬族 仫佬族现有人口约21.6万人，是中国人口较少的一个山地民族，主要分布在广西和贵州。仫佬族的经济生活以农业为主，采煤是仫佬族生产中的重要组成部分。仫佬族的宗教信仰主要是多神崇拜，节日有三月初三婆王节、依饭节、八月十五后生节等。

锡伯族 锡伯族现有人口约19万人，新疆察布查尔锡伯自治县是锡伯族最大的聚居区。锡伯族人喜爱骑马射箭，被称为“射箭民族”。锡伯族信仰萨满教和佛教。锡伯族的节日与汉族、满族大致相同，节日活动的形式有本民族的特点，如泼水、叼羊、赛马等。

柯尔克孜族 柯尔克孜族现有人口约18.7万人，绝大部分生活在新疆克孜勒苏柯尔克孜自治州。柯尔克孜族以畜牧业为主，还从事农业和手工业。柯尔克孜族大都信仰伊斯兰教，重要节日有肉孜节和诺如孜节等。

景颇族 景颇族现有人口约14.8万人，主要聚居在云南省德宏傣族景颇族自治州。景颇族主要从事农业。每年农历正月十五之后的目脑节是景颇族最盛大的节日。

达斡尔族 达斡尔族现有人口约13.2万人，主要聚居在内蒙古自治区和黑龙江省。达斡尔族以农业为主，狩猎和渔业也比较发达，莫力达瓦达斡尔族自治旗被中华人民共和国体育运动委员会命名为“曲棍球之乡”。达斡尔族主要信仰萨满教，最大的节日是阿涅节。

撒拉族 撒拉族现有人口约13.1万人，主要居住在青海省、甘肃省等地区，信奉伊斯兰教。经历史学家考证，撒拉族先民由中亚地区迁徙而来，与汉族、藏族、回族、蒙古族等融合逐渐形成了撒拉族。撒拉族从日常生活到传统风俗都与回族人非常相似。

布朗族 布朗族现有人口约 12 万人，主要聚居在云南省西部及西南部沿边地区。布朗族主要从事山地农业，爱跳圆圈舞，大部分人信仰小乘佛教。

毛南族 毛南族现有人口约 10.1 万人，主要聚居在广西环江县。毛南族人主要从事农业生产，兼营各种副业。毛南族信仰多神。农历五月的庙节是毛南族最重要的节日。

塔吉克族 塔吉克族现有人口约 5.1 万人，主要分布在新疆维吾尔自治区西南部的塔什库尔干塔吉克自治县。塔吉克族主要从事畜牧业，兼营农业。塔吉克族人普遍信仰伊斯兰教，重要节日有迎春节、播种节、引水节等。

普米族 普米族现有人口约 4.3 万人，主要居住在云南省西北部高原的兰坪白族普米族自治县和宁蒗彝族自治县。普米族人以玉米为主食，喜欢饮茶。他们能歌善舞，喜欢用四弦琴表达感情。

阿昌族 阿昌族现有人口约 4 万人，主要分布在云南省德宏傣族景颇族自治州。阿昌族以种植水稻和制造铁器闻名。阿昌族信仰小乘佛教等，主要节日有会街节、窝罗节、泼水节等。

怒族 怒族现有人口约 3.8 万人，主要分布在云南省怒江傈僳族自治州各县。怒族主要从事农业。每年农历的三月十五是怒族重要的鲜花节。

鄂温克族 鄂温克族现有人口约3.1万人，主要分布在黑龙江省和内蒙古自治区。鄂温克族是一个森林狩猎民族，“鄂温克”的意思是“住在大森林里的人们”。中华人民共和国成立前，鄂温克族人大部分信仰萨满教。传统节日有瑟宾节、米阔鲁节等。

京族 京族现有人口约2.8万人，主要分布在广西壮族自治区防城港市。京族是中国少数民族中唯一生活在海边的民族，主要从事渔业。京族的宗教信仰为多神教，特别是对与海有关的神尤为敬仰。京族最隆重的节日是唱哈节，意思是唱歌的节日。

基诺族 基诺族现有人口约2.3万人，聚居于云南省西双版纳傣族自治州景洪市基诺山基诺族民族乡。基诺族主要从事农业生产，出产有名的普洱茶。打铁节、新米节都是基诺人享受丰收喜悦的重要节日。

德昂族 德昂族是中国历史最悠久的少数民族之一，现有人口约2.1万人，主要分散居住在云南省德宏傣族景颇族自治州。德昂族人种茶技术很高，被称作“古老的茶农”。德昂族信仰佛教。德昂族的节日有泼水节、关门节、开门节等。

保安族 保安族现有人口约2万人，主要聚居在甘肃省积石山保安族东乡族撒拉族自治县境内。保安族多信仰伊斯兰教，节日活动中除春节等少数几个以外，几乎全都是属于伊斯兰教的宗教节日。

俄罗斯族 中国的俄罗斯族主要是从俄罗斯移居而来，现有人口约1.5万人，主要散居在新疆维吾尔自治区。俄罗斯族大多信仰东正教，少部分人信仰基督教。

裕固族 裕固族现有人口约 1.4 万人，聚居在甘肃省肃南裕固族自治县和酒泉黄泥堡地区。裕固族以畜牧业为主，春节是一年中最大的节日。裕固族男子擅长根雕艺术，他们利用沙漠中的梭梭根，依照原始形状加工，制作出很多精美的艺术品。

乌孜别克族 乌孜别克族现有人口约 1.1 万人，主要分布在新疆维吾尔自治区。乌孜别克族人主要从事手工业和商业，服装以男女都戴各式各样的小帽为特点。

门巴族 门巴族现有人口约 1.1 万人，主要分布在西藏自治区的门隅和墨脱地区，与藏族关系密切。门巴族人以从事农业为主，藏历新年是门巴族人最重要的节日。

鄂伦春族 鄂伦春族现有人口约 0.87 万人，主要分布于内蒙古自治区。鄂伦春族人一直从事狩猎生产，被称作“兴安岭之王”。鄂伦春族普遍信仰萨满教，崇拜祖先。

图 4-7 鄂伦春族冰雪节

独龙族 独龙族现有人口约0.69万人，主要聚居在云南省贡山独龙族怒族自治县。独龙族是“不用锁门”的民族，到今天他们依然保持着“路不拾遗，夜不闭户”的淳朴民风。

赫哲族 赫哲族现有人口约0.54万人，主要分布在中国东北黑龙江、乌苏里江和松花江沿岸。赫哲族是一个渔猎民族，并且是北方少数民族中唯一曾以渔业为主的民族。赫哲人普遍信仰萨满教。

高山族 高山族是台湾省少数民族的统称，据2004年台湾省行政主管部门统计，约有45.3万人。此外，据第六次人口普查统计，高山族约有0.4万人散居在祖国大陆。高山族内部又分为布农人、鲁凯人、排湾人、卑南人、邵人、泰雅人、雅美人、曹人、阿美人、赛夏人等。高山族的节日通常与农业生产有关，具有代表性的有播种祭和丰收节。

珞巴族 珞巴族约有0.37万人，主要居住在西藏自治区的珞渝地区。珞巴族人从事农业，风俗习惯受藏族影响较深。每年的丰收季节，珞巴族人都要进行两天的庆祝，叫作“昂德林节”。

塔塔尔族 塔塔尔族现有人口约0.36万人，主要分布在新疆维吾尔自治区内天山北部地区。塔塔尔族人主要经营商业和手工业，宗教信仰、饮食起居同维吾尔族、哈萨克族非常相似。撒班节是塔塔尔族特有的传统节日。

第三节　普通话、方言与汉字

汉语是世界上使用人数最多的语言，也是联合国六种正式工作语言之一。现代汉语有普通话和方言之分。普通话是汉语的标准语，以北京语音为标准音，以北方话为基础方言，以典范的现代白话文著作为语法规范。

《中华人民共和国宪法》明确规定："国家推广全国通用的普通话。"2001 年 1 月 1 日起施行的《中华人民共和国国家通用语言文字法》明确了普通话作为中国国家通用语言的地位。根据中华人民共和国教育部语言文字应用研究所 2010 年抽样调查显示，中国的普通话普及率达到 70% 以上，识字人口使用规范汉字的比例超过 95%。

现代汉语有许多不同的方言，通常分为七大方言：北方方言、吴方言、湘方言、赣方言、客家方言、粤方言、闽方言。

北方方言　北方方言的分布地域最广，分为四类：华北和东北方言、西北方言、西南方言、江淮方言。

吴方言　典型的吴方言以苏州话为代表，分布在江苏省南部、安徽省南部、上海市和浙江省的大部分地区。

湘方言　湘方言分布在湖南省的大部分地区。

赣方言　赣方言以南昌话为代表，主要分布在江西省的大部分地区、湖南省的东南部。

客家方言 客家方言以梅县话为代表，在中国南方的客家人中普遍使用，包括广东省的东部和北部、福建省西部、江西省南部、广西壮族自治区东南部等地。

粤方言 粤方言以广州话为代表，在广东省、香港特别行政区、澳门特别行政区和部分海外华人中使用。

闽方言 闽方言在国内的福建省、海南省、广东省东部、台湾省以及国外的菲律宾、新加坡、马来西亚等东南亚国家的华人中使用。

汉字是记录汉语的文字，已经有六千年左右的历史。现代汉字是从古代汉字逐渐演变而来的。从商代开始，汉字经历了甲骨文、金文、大篆、小篆、隶书、楷书、草书、行书等众多形体变化，逐渐演变为现代汉字。

汉字的基本笔画有点、横、竖、撇、捺。汉字的数量庞大，最常用的就有三千多个。在汉字的创造过程中，有很多非常有趣的故事。例如，因为中国古代男人在田地里出力气干活，女人在家打扫，所以产生了“男”和“妇”两个字；因为很多年以前，中国的书是用皮绳将竹简连起来做成的，所以有了“册”字；中国古代男人成年后，要用一根簪子把头发绾起来，于是在“大”字上加一横组成“夫”字，表示男子汉大丈夫的意思。

汉字不仅是汉语书写的最基本单位，也是承载文化的重要工具。中国古代有大量用汉字书写的典籍，还产生了诗词、对联等文化成果，并形成了独特的汉字书法艺术。

目前，使用汉语的地区使用两种规范汉字，分别是繁体中文（繁体字）和简体中文（简体字）。在中国，除汉字外，还有28种现行使用的少数民族文字。这28种文字有的是传统文字，如蒙古文、藏文、维吾尔文、朝鲜文等，有的是新创制的文字，如壮文、苗文等。

2012年12月，教育部、国家语言文字工作委员会共同发布了《国家中长期语言文字事业改革和发展规划纲要（2012—2020年）》，确定了“大力推广和普及国家通用语言文字”“科学保护各民族语言文字”等主要任务，提出了语言文字工作的总体目标：到2020年，普通话在全国范围内基本普及，汉字社会应用的规范化程度进一步提高，汉语拼音更好地发挥作用，各民族语言文字的科学保护得到加强。

思考与练习

一、填空

1. ________年起，中国实施“全面两孩”政策，一对夫妇可生育两个孩子。

2. 中国的55个少数民族中，人口最多的是________族。

3. ________不仅是汉语书写的最基本单位，也是承载文化的重要工具。

二、选择

1. 中国人口在地域上的分布特点是________。

A. 东多西少　　B. 西多东少　　C. 北多南少　　D. 南多北少

2. 中国少数民族种类最多的省份是________。

A. 河北　　B. 黑龙江　　C. 云南　　D. 贵州

3. 普通话以________为标准音，以北方话为基础方言，以典范的现代白话文著作为语法规范。

A. 北京语音　　B. 北方语音　　C. 东北语音　　D. 西北语音

三、简答

1. 现阶段，中国人口的主要特点有哪些？

2. 中国的七大方言包括哪些？

第五章

中国的历史

中国是世界上最早的文明发源地之一，中华文明是世界上唯一未曾中断过的文明，已有 5000 多年的历史和文化传承。从时间上看，一般把中国历史划分为古代史、近代史和现代史。

第一节　古代史

中国古代史始于大约170万年前，止于1840年鸦片战争，是原始社会、奴隶社会和封建社会的历史。

一、原始社会

中国的原始社会，始自大约170万年前的元谋人，止于公元前21世纪夏朝的建立。原始社会经历了原始人群和氏族公社两个时期。氏族公社又经历了母系氏族公社和父系氏族公社两个阶段。

元谋人是在云南省元谋县发现的，是中国已发现的最早的人类，距今约170万年。考古专家在元谋人遗址发现了牙齿、石器、兽骨，以及人工用火遗迹。

北京人是在北京房山区周口店龙骨山发现的，距今约60万年。在北京人遗址先后发现了比较完整的头盖骨、牙齿，以及众多石制品和用火的痕迹。这说明北京人能制造和使用工具，会使用天然火。

山顶洞人是在北京的周口店龙骨山山顶洞穴中发现的，距今约18000年。山顶洞人的样子已经和现代人非常接近。他们能制造比较精致的石器和骨器。考古发掘出一枚兽骨磨成的骨针，说明他们已能进行简单的缝纫。另外，还发掘出一些装饰品，说明山顶洞人已有爱美的观念。

河姆渡文化属于母系氏族公社。河姆渡文化主要分布在浙江绍兴和宁波之间，距今约 6800 年。生产工具有石斧、石凿等，陶器为黑色，有盆、盘等，都是手工制成。河姆渡人已大量种植水稻，此外，还发现一种高于地面的干栏式建筑。

母系氏族公社是以母亲的血缘关系结成的，主要特征是妇女在氏族公社中居于支配地位，世系按母亲计算，实行母系继承制。孩子们只知其母，不知其父。

仰韶文化也属于母系氏族公社，分布在黄河中上游，距今约 5000 年。手制的精致的彩绘陶器和磨制石器是其主要的文化特点。著名的仰韶文化遗址以陕西西安的半坡遗址为代表，这时期出现了原始农业和家畜饲养业，半坡居民的主要手工业有陶器、纺织、木工等。

龙山文化是父系氏族公社的代表。龙山文化主要分布在山东半岛，在河南、陕西、河北、辽东半岛、江苏等地区也有类似遗址的发现，距今约 5000 年。龙山文化中的蛋壳黑陶（分布在日照、济南）最具特色，其特点是薄、硬、光、黑，所以龙山文化也曾被称为“黑陶文化”。龙山文化处于中国新石器时代晚期，这个时期农业和畜牧业较仰韶文化有了很大的发展，生产工具的数量及种类明显增长，大大提高了生产效率。同时，占卜等巫术活动较为盛行。从社会形态看，当时已经进入了父权制社会，私有

父系氏族公社是以男子为中心，男子支配生产、生活和公共事务，氏族首领由成年男子担任，男子是家庭和社会的核心，有权支配家庭的财产，并支配家庭的成员。

图 5-1　仰韶文化的彩陶

财产已经出现，开始跨入阶级社会门槛。

炎帝和黄帝的传说也反映了父系氏族公社的情况。炎帝又称神农氏，居于姜水流域，以姜为姓。相传他曾亲尝百草并利用草药治病，还发明了刀耕火种、农业工具以及饮食用的陶器和炊具。黄帝又称轩辕氏，居于姬水流域，以姬为姓。相传他和臣民们发明了舟车、文字、音律、医学、算术等，他的妻子嫘祖发明了养蚕制丝方法，被民间奉为“蚕神”。

炎帝、黄帝之后，是中国历史上的“禅让时代”。当时中原地区部落联盟首领尧年事已高，经过部落领袖同意，选择舜为继承人。舜老了，又经过部落领袖的同意，传位给禹。这种古代部落联盟推选首领的制度，史称“禅让”。

图 5-2　炎黄二帝塑像

二、奴隶社会

中国的奴隶社会始于公元前 21 世纪的夏朝建立，止于公元前 476 年春秋时代结束。

夏朝（约公元前 2070 年—公元前 1600 年）

禹死后，其儿子启夺得王位，从此，中国历史上的“禅让时代”结束，王位世袭制开始。夏朝是中国历史上第一个朝代。

夏朝是一个奴隶制国家。奴隶主由氏族贵族转化而来，处于统治地位。为确保统治，夏朝设立军队、监狱等国家机器。夏朝社会经济得到了发展，最有代表性的是青铜手工业，青铜器的出现标志着中国历史结束了野蛮时期，进入了文明时期。

商朝（公元前 1600 年—公元前 1046 年）

商朝是中国第一个有同时期文字记载的王朝。商朝出现了文字，这种文字刻在龟甲、兽骨上，内容多是商朝王室占卜的记录，也叫卜辞，后世称这种文字为甲骨文。甲骨文是已发现的中国最古老的文字，也是世界上最早的文字之一。

商朝经济以农业为主，手工业也很发达，其中最重要的是青铜铸造业。商朝后期制造的后母戊大方鼎高 133 厘米，器口长 110 厘米，宽 78 厘米，重约 875 千克，是至今为止世界上出土的最大、最重的青铜礼器。

图 5-3　后母戊鼎

西周（公元前 1046 年—公元前 771 年）

周族是活动于黄河上游陕西渭水流域的一个古老部族。大约公元前 1046 年，周部落推翻商朝，建立周朝，国都建在镐京。

为了加强君主的统治，西周实行分封制。君主将除了嫡长子以外的所有儿子都封为诸侯，分封到国家的各个地区，与此同时也会封赏少量异姓的诸侯，让他们掌握一定的统治权，帮助君主管理土地和人民。

宗法制度在西周也达到完备的程度。宗法制度是在父权家长制的基础上不断扩大和发展起来的，是按血缘关系分配国家权力，以便建立世袭统治的一种制度，其主要核心是“嫡长子继承制”。它也成为中国封建社会基本的社会政治制度。

西周后期，社会矛盾日趋激化，对土地以及政权的争夺日益加剧，加速了西周的灭亡。

从西周开始，中国境内各个民族与部落不断融合，华夏族逐步形成，成为现代汉民族的前身。

春秋（公元前 770 年—公元前 476 年）

春秋时期，周王室势力越来越弱，诸侯不再听从天子的命令。为了争夺更多的土地和人口，各路诸侯互相征战。此间，全国共分为 140 多个大小诸侯国，其中一些强大的诸侯国展开了激烈的争霸战争，先后有数位诸侯成为霸主。春秋时期各诸侯国的兼并与斗争，促进了社会经济的发展，加速了不同族属之间的接触与融合。在此期间，各种学说、思想纷纷出现，形成“百家争鸣”的局面。

春秋中期以后，各诸侯国已经大量使用货币。金属货币的流通，促进了手工业、商业的发展。

春秋后期，中国已经发明生铁冶炼技术，比欧洲早 1900 多年，这对于铁工具的推广有决定意义。铁制农具的使用，标志着社会生产力显著提高。

三、封建社会

封建社会作为一种社会形态，主要特征是君主把土地和人民分给宗室和功臣，让他们在土地上建立诸侯国。中国的封建社会从公元前 475 年开始，到 1840 年结束。

战国（公元前 475 年—公元前 221 年）

战国是中国封建社会的开端。战国时期，诸侯国为兼并土地、争夺生存空间，不断发动战争，诸侯国的数量大大减少，其中以齐、楚、燕、韩、赵、魏、秦七国最强大。七国之间长期混战，因此这段时期被称为“战国”。这一时期，各诸侯国展开了许多举世闻名的变法和改革，其中，秦国商鞅的变法比较彻底，使秦国逐渐成为实力最强的诸侯国。在兼并战争过程中，产生了众多纵横家的代表人物，如张仪和苏秦等，同时涌现出了大量为后世传诵的成语和典故。

纵横家指凭辩才进行政治活动的人。

秦朝（公元前 221 年—公元前 206 年）

秦朝是中国历史上第一个中央集权制国家。秦国原为周朝的一个诸侯国，由于商鞅变法，在诸侯国中实力变得最强，秦王嬴政先后攻灭其他六国，在公元前 221 年统一中国。

秦朝创立皇帝制度，嬴政统一中国后，感到“王”的称号已经不足以代表他的身份，他自认为“德兼三皇，功过五帝”，因此改称为皇帝，并且自称“始皇帝”。意思是从他开始，皇帝会有二世、三世……，一代一代传下去。从秦始皇以后，历代的统治者都用“皇帝”这个称号。

三皇为燧人、伏羲、神农。
五帝为黄帝、颛顼、帝喾、尧、舜。

秦始皇废除了分封制度，实行郡县制度。在全国设立 36 郡（后又增至 42 郡），郡下又设了县。秦朝在经济方面，确立土地私有制。

为了加强政治统治，秦始皇统一了度量衡、货币、车轨和文字。为了加强思想统治，秦始皇“焚诗书、坑术士”，西汉之后称“焚书坑儒”。

公元前213年，秦始皇下令焚烧除《秦记》以外的列国史记，对民间医药、卜筮、种树之书，以及不属于博士馆的私藏《诗》《书》等，也限期交出烧毁。秦始皇希望长寿，在统一中国之后，他异想天开地要寻求长生不死药。方士侯生、卢生等人迎合其需要，答应为秦始皇找到这种药。按照秦律，如果谎言不能兑现，或者所献的长生不死药没有效果，要处以死刑。侯生、卢生自己知道弄不到长生不死药，不但逃之夭夭，而且诽谤秦始皇。秦始皇听后大怒，下令进行追查，抓获460多人并全部活埋。以上两件事，史称“焚书坑儒”。

匈奴是中国北方草原上的一个古老的游牧民族，从战国中期就不断南下攻扰，多次与秦、赵、燕三国发生战争。秦、赵、燕三国在北部边境地区修筑长城，驻扎重兵，以防卫匈奴。秦灭六国期间，匈奴占领河南。秦灭六国后，秦始皇派军队抗击匈奴，收回了河南地区，对战国时燕、赵、秦三国长城进行修复并连接起来，秦长城西起临洮（今甘肃岷县），东到山海关，绵延不断，俗称“万里长城”。长城的修建，确保了边防的巩固和国家的安全，给中原农业的生产提供了一个稳定的环境。

图5-4　长城

公元前206年，秦朝灭亡。但秦朝创建的帝国制度保存并延续了2000多年，成为世界历史上保持时间最长的政治制度。

汉朝（公元前206年—公元220年）

汉朝是继秦朝之后的大一统王朝，分为西汉和东汉两个时期。

西汉文帝、景帝两代采取各种措施减轻人民负担，社会经济获得显著发展，从而稳定了封建统治秩序，被誉为“文景之治”。

秦朝末年，天下大乱，刘邦在推翻秦朝后被封为汉王，建立汉朝。汉初采取“休养生息”政策，使社会经济得到了恢复和发展，出现了“文景之治”的局面。

汉武帝统治时期，西汉国力空前强盛。通过实行“罢黜百家，独尊儒术”的政策，儒家思想渐渐成为当时的官方哲学，并成为两千多年来中华传统文化的正统和主流思想。通过对匈奴的战争，多民族的国家得到进一步发展。张骞两次出使西域，开辟了以长安（今西安）

图5-5 丝绸之路

为起点，经甘肃、新疆，到中亚、西亚，并连接地中海各国的陆上通道。因为当时中国的丝织品沿着这条路运往西方，因而这条路被称为“丝绸之路”。丝绸之路的开辟，促进了东西方经济、文化的沟通与交流。

汉武帝后，农民与地主阶级的矛盾一天比一天严重。因此，西汉末年，大大小小的农民起义连绵不断，在这种情况下，外戚王莽上台，公元9年，王莽当上皇帝，改国号为新。王莽时期，荆州地区（今湖北江陵）发生大饥荒，人民纷纷逃往山林，以挖野菜为生。公元17年，绿林起义爆发。公元23年，王莽被推翻。

公元25年，刘秀称帝，建立东汉，定都洛阳，统一天下后息兵养民，史称“光武中兴”。东汉中期发生外戚、宦官之争，于公元184年爆发黄巾起义，东汉名存实亡。

汉朝是中国历史上最强盛的时代之一。汉朝时期，国家统一，科技发达。自汉朝以后，华夏族逐渐被称为汉族。

两汉之际，佛教传入中国，道教于东汉时期形成，二者都成为中国文化的重要组成部分。

三国、两晋、南北朝（公元220年—公元589年）

三国、两晋、南北朝从公元220年曹丕称帝建立魏国开始，到589年隋朝灭陈，完成统一，可分为三国、西晋、东晋、南北朝四个时期。

三国包括魏、蜀、吴，分别为曹丕、刘备及孙权所建立。三国之中，从疆域来说，魏国最大，吴国次之，蜀国最小。三国时期，各国在政治、军事上互相对立，但是各国都注重发展经济，因此，总体来说三国时期的经济有所发展。

> "八王之乱"，西晋时期皇族争夺中央政权的内乱。这次变乱共历时十六年，是中国历史上最为严重的皇族内乱之一，当时的社会经济遭到严重的破坏，最终导致了西晋亡国以及近三百年的动乱。

晋朝分为西晋与东晋。公元265年，司马炎代魏称帝（晋武帝），国号晋，建都洛阳，史称西晋。公元280年灭吴，统一了全国。但晋武帝死后不久，宗室之间爆发了"八王之乱"，曹魏以来迁徙塞内的游牧民族也乘机起兵称帝，全国又陷入分裂混战的局面。在中国北方和巴蜀，先后存在过一些封建割据政权，其中有汉（前赵）、成（成汉）、前凉、后赵（魏）、前燕、前秦等，历史上称作"十六国"。

公元317年，晋朝宗室司马睿在南方重建晋王朝，占据今长江、珠江及淮河流域，建都于建康（今南京），史称东晋。

晋朝之后，南方又经历了四个朝代的更换，即宋、齐、梁、陈四代，这四个朝代历史上叫作南朝，都建都于建康（今南京）。

公元439年，北魏统一中国北方，结束了十六国的混乱局面。之后北方分裂为东魏和西魏，不久东魏又被北齐代替，西魏被北周代替。从北魏到北周，北方先后建立的这几个朝代，历史上叫作北朝。北朝和南朝同时并存，因此这一时期总称为南北朝。

三国、两晋、南北朝是中国历史上政权更迭最频繁的时期，也是一个民族大融合的时代。这一时期中国文化最突出的表现是玄学的兴起、道教的流行和佛教的传播。

隋朝（公元 581 年—公元 618 年）

公元 581 年，北周大臣杨坚废除北周的小皇帝，自己当上皇帝，国号为隋，杨坚即为隋文帝。隋文帝即位后，于 589 年灭掉南方的陈，完成统一。

为了巩固统治，隋朝在政治、经济、文化等领域进行了大力改革。政治上创立科举制度，把选举官吏的权力从地方大族集中到中央政府手中，加强了中央政府的权力。同时，由于科举制度把读书、应考和做官三件事联系起来，这就使得一般的地主子弟，甚至某些贫寒子弟，也可以通过读书应考，获得做官的机会。科举制度的建立，扩大了封建政权的基础，对于巩固中央集权的封建统治，起到了重要的作用。

隋炀帝开凿了贯通南北的大运河，大运河南起余杭（今杭州），北到北京通州，全长 1801 千米，是有记载的世界上最早开凿的运河，同时也是世界上里程最长、工程最大的古代运河，有些河段至今仍在使用。大运河的开通巩固了中央政府对全国的统治，促进了南北经济、文化的交流。

2014 年 6 月 22 日，第 38 届世界遗产大会宣布，中国大运河项目成功入选世界文化遗产名录。这次申遗共包括河道遗产 27 段，以及运河相关遗产 58 处。

唐朝（公元 618 年—公元 907 年）

隋末，天下群雄并起。公元 618 年，唐高祖李渊建立唐朝。唐朝是中国历史上的一个非常强盛的朝代，其强盛程度超过了秦、汉王朝。唐朝以公元 755 年爆发的安史之乱为分界线，划作前、后两个时期。安史之乱前，唐朝疆域辽阔，国力强盛，经济繁荣，文化昌盛；安史之乱后，唐朝走向衰落，由统一走向藩镇割据局面，最终灭亡。

藩镇，也叫方镇，是唐朝中、后期设立的军镇。藩是“保卫”的意思，镇是指军镇。唐玄宗为加强统治，大量扩充防戍军镇，设立节度使，节度使管辖的地区称为“藩镇”。藩镇割据是指唐朝安史之乱以后，外地将领拥有自己的军队，在军事、财政、人事方面不受中央政府控制，一直持续百余年，直至唐朝灭亡。

唐太宗李世民在位的贞观年间，政治清明，社会经济得到发展，人民生活比较安定，被誉为“贞观之治”。唐太宗死后，继位的儿子李治性格懦弱，大权逐渐落入皇后武则天手中。公元690年，武则天自己称帝，改国号为周。武则天是中国历史上唯一的女皇帝，在位15年。之后，经过一系列宫廷事变，公元712年，唐玄宗李隆基即位，结束了纷乱动荡的局面。唐玄宗前期的开元年间，政局稳定，经济繁荣，唐朝进入极盛时期，被称为“开元盛世”。但唐玄宗后期天宝年间发生安史之乱，之后唐朝藩镇割据，国力逐渐衰落。878年，黄巢农民起义爆发，破坏了唐朝的统治根基。

唐朝声誉远扬海外，与很多亚欧国家都有往来。唐朝最强盛的时候，都城长安（今西安）有百万人口，是当时世界上最大的城市。当时全国各地都有大量的外国使节和商人，同时唐朝还接收了一批又一批的外国留学生来中国学习。唐代高僧鉴真接受日本僧人的邀请，于754年东渡到达日本，在那里讲经传道，还把中国的建筑、雕塑、绘画、医药等传到日本。

唐朝文化对世界的影响非常久远，到现在世界上许多国家仍将当地华人聚居的地方称为“唐人街”。

图 5-6　唐朝雕塑

五代十国（公元 907 年—公元 960 年）

唐朝灭亡之后，中国进入分裂时期。在中原一带先后经历了后梁、后唐、后晋、后汉、后周五个朝代，史称“五代”。这是 5 个很短的朝代，一共只有 53 年。同时，在南方各地和北方的山西，先后存在 10 个割据政权，史称“十国”。

五代十国时期，政权更迭频繁，社会经济受到极大破坏，人民生活困苦不堪。而南方的重大战事较少，人民生活比较安定。这时期科技、文化继续发展，西蜀的雕版印刷比较发达。此时期史学取得了重要的成绩，《旧唐书》是这一时期撰成的最重要的史学著作。五代十国也是“词”这种文学形式的重要发展时期，李煜是这一时期最重要的词人。

宋朝（公元 960 年—公元 1279 年）

宋朝在历史上分为北宋和南宋两个阶段。

公元960年正月，北周大将赵匡胤利用统帅大军出征契丹的机会，在陈桥驿（今河南封丘一带）发动兵变，建立宋朝，史称北宋。公元1127年，南下的金兵占领北宋的都城开封，掳掠退位的皇帝宋徽宗和他的儿子、当朝皇帝宋钦宗北上，北宋灭亡。同样在公元1127年，宋徽宗的第九个儿子赵构南逃后登上帝位，建都于临安（今杭州），史称南宋。1279年，在元军的包围和追击之下，宋朝的左丞相陆秀夫背着七岁的小皇帝赵昺投海而死，南宋灭亡。

宋朝在军事上是一个弱国，虽然军队数量庞大，但是却没有战斗力，在与北方辽、金等政权的战争中以失败居多，所以要向这些政权交纳大量的岁币以换取安宁。这加重了人民生活负担，也使得宋朝国力大减，积贫积弱。

宋朝是中国古代历史上商品经济、文化教育、科技以及对外贸易等各方面高度繁荣的时代。随着商品经济的发展，1023年宋朝开始发行世界上最早的纸币——“交子”。在科技方面，发明了火药和印刷术。在文化方面，儒学得到复兴，出现了著名理学家朱熹。

元朝（公元 1206 年—公元 1368 年）

南宋时期，当金与南宋之间的战争正在紧张进行的时候，北方的蒙古族开始崛起。12世纪末13世纪初，蒙古族的部落首领铁木真先后统一蒙古各部。1206年铁木真被推为大汗，称“成吉思汗”，建立蒙古汗国。之后，成吉思汗先是率军南下，占领金国的中都（今北京），迫使金国迁都汴梁（今开封）。然后又和他的孙子先后三次西征，足迹几乎遍及西亚、东欧和北非各国。

1234年，蒙古灭金。1271年，成吉思汗的孙子忽必烈即大汗位，定国号为“元”。1272年2月，改中都为大都，元朝从此定都在大都。1279年，灭南宋，结束了分裂局面，实现了全国的大统一。

元朝是中国疆域最辽阔的朝代。元朝大致分为初期、中期和后期三个时期。元朝初期，采用汉族法律，初创了政治、经济和文化各项制度，呈现出向前发展的态势。元朝中期，社会矛盾日益激化，皇权斗争也日趋激烈，各地起义不断爆发，元朝逐渐走向了衰落。元朝末期，农民战争的爆发加速了它的灭亡。

元朝实行的行省制度，是中国当代行政区划的雏形。行省制的确立，从政治上巩固了国家统一，使中央集权在行政体制方面得到保证。这是中国行政制度的一大变革，对后世影响巨大。

元朝时期，中外交流频繁，一些国外的旅行家、商人、传教士和政府使节等，由陆路、海路来到中国，部分人长期旅居中国，有些人还担任政府官员。意大利商人马可·波罗在《马可·波罗游记》中第一次较全面地记载了当时中国的城市、风俗、宗教、交通、物产和商业活动，激起了欧洲人对东方文明的向往。

明朝（公元1368年—公元1644年）

1368年，明太祖朱元璋建立明朝，最初建都在南京，明朝第三位皇帝明成祖朱棣当上皇帝后，开始大规模在北京营建城池和宫殿，并在1421年正式迁都北京。

明朝是继汉、唐之后中国历史发展的黄金时期，手工业和商品经济繁荣，开始出现商业集镇和资本主义萌芽，文化艺术呈现世俗化趋势。明朝前期，不仅疆域辽阔，而且经济和人口数量等都超过了历代皇朝。

为加强与海外各国的联系，朱棣派郑和出使西洋。从1405年到1433年，郑和七次航海，访问亚、非30多个国家和地区，最远到达红海沿岸和非洲东海岸地区。郑和用带去的茶叶、丝绸和瓷器等，换回了沿途各地的特产。郑和下西洋建立和巩固了海上丝绸之路。

清朝（公元1616年—公元1911年）

明朝后期，中国东北地区女真族的一支——建州女真——逐渐强大起来，其首领努尔哈赤于1616年在赫图阿拉（今辽宁新宾西老城）建国称汗，初称后金。1636年，努尔哈赤的第八子皇太极继位称帝，改国号为清。1644年，清兵进入山海关，继而在北京建立清朝政府。

清前期，统治者采取了一系列有利于社会经济恢复和发展的措施。在康熙、雍正和乾隆执政期间，经济得到发展，人口大大增加，统一的多民族国家得到巩固，史称“康乾盛世”。清后期（公元1840年—公元1911年）是清朝统治的晚期，也是中国近代史的开端。

第二节　近代史

中国近代史从1840年鸦片战争开始，到1949年中华人民共和国成立为止。中国近代史是半殖民地半封建社会的历史。

鸦片战争　鸦片战争前，世界资本主义高速发展，而清王朝却闭关自守。长期以来，中国的茶、丝绸、瓷器等货物广受欧洲的欢迎，对外贸易一直处于**出超**地位。为了改变对华贸易入超的状况，英国开始向中国走私鸦片，获取暴利。清政府发现鸦片的巨大危害后，下令禁烟。1838年冬天，道光帝派湖广总督林则徐为钦差大臣，到广东查禁鸦片。林则徐到任后，查缴2万多箱鸦片，在虎门、海口全部销毁。中国禁烟的消息传到英国，英国政府决定发动侵华战争。1840年6月，鸦片战争爆发。尽管在战争中出现了很多爱国将士，但是清政府终因军备落后等原因战败。1842年8月，清政府被迫签订《南京条约》，根据这个条约，中国除了在东南沿海开放上海等5个通商口岸之外，还割让香港岛给英国，中国的主权和领土完整遭到破坏。

> 出超即贸易顺差，在对外贸易中，商品出口总额高于商品进口总额。

第一次鸦片战争后，西方各国为了加大获取在中国的利益，提出全面修改条约的要求，被清政府拒绝。1856年10月，英法两国联合发动侵华战争，史称“第二次鸦片战争”。此后，战争时断时续。1860年，英法联军攻入北京，火烧圆明园，清政府战败求和，被迫与英、法、俄、美四国签订了更多的不平等条约。清政府除支付大量的战争赔款之外，还失去了大片国土。

图 5-7　圆明园遗址

洋务运动　两次鸦片战争打开了中国的大门，对中国的传统秩序产生了巨大的冲击。面对内忧外患的形势，清政府为了扭转国家命运决定向西方学习，1861 年开始在外交、财政、教育及军事等领域内先后发起“洋务运动”。主要内容有：军事上，仿效西方建立新式军事工业，创办海军，编练新式陆军；经济上，建立新式民用企业；文化教育上，建立新式学堂，学习西方语言、科技、军事，向外派遣留学生。洋务运动引发了大机器生产，拉开了中国现代化的序幕，在一定程度上增强了清政府的实力，推动了中国资本主义的发生与发展。

甲午战争　甲午战争是 19 世纪末日本侵略中国和朝鲜的战争。按中国干支纪年，战争爆发的 1894 年为甲午年，因此称甲午战争。明治维新后日本大肆对外侵略扩张，出兵朝鲜和中国。1894 年 7 月 25 日，丰岛海战爆发，甲午战争开始。由于日本蓄谋已久，而清朝却是仓皇迎战，北洋水师全军覆没，中国战败。清朝政府迫于压力，于1895年4月17日签订了《马关条约》，赔偿日本约2.3亿两白银，并割让台湾、澎湖列岛等给日本。甲午战争的失败给中华民族带来空前严重的民族危机，大大加深了中国社会半殖民地化的程度。

图5-8 甲午战争遗船

戊戌变法 戊戌变法，又称“百日维新”“维新变法”，是指1898年6月11日至9月21日，维新派人士通过光绪皇帝进行的一场政治改良运动。主要内容有：改革政府机构，裁撤冗官，任用维新人士；鼓励私人兴办工矿企业；开办新式学堂吸引人才，翻译西方书籍，传播新思想；创办报刊，开放言论；训练新式陆军、海军。同时规定，此后科举考试废除八股文，取消多余的衙门和无用的官职。但这次变法因为损害到以慈禧太后为首的守旧派利益，历时103天即宣告失败。

戊戌变法是中国近代史上一次重要的政治改革，也是一次思想启蒙运动，促进了社会进步和思想解放。

辛亥革命 辛亥革命指的是1911年（农历辛亥年）爆发的中国资产阶级民主革命。1911年10月10日夜，武昌起义爆发，新军工程第八营的革命党人打响了武昌起义的第一枪。汉阳、汉口的革命党人分别于10月11日夜、10月12日攻占汉阳和汉口。起义军掌控武汉三镇后，湖北军政府成立，黎元洪被推举为都督，改国号为中华民国。

武昌起义胜利后的短短两个月内，湖南、广东等15个省纷纷脱离清政府宣布独立。1912年1月1日，中华民国南京临时政府成立，孙中山被选为临时大总统。同年2月12日，清朝皇帝被迫退位，中国两千多年的帝制历史宣告终结。

辛亥革命是近代中国比较完全意义上的资产阶级民主革命，它在政治上、思想上给中国人民带来了不可低估的解放作用。革命使民主共和的观念深入人心。以辛亥革命为新的起点，反帝反封建斗争更加深入、更加大规模地开展起来。

"五四运动" 1918年，德国战败，第一次世界大战结束。1919年，中国作为战胜国之一参加了巴黎和会。会上，中国代表团提出从德国手中收回山东的主权，但是这个合理要求被拒绝了，与会的帝国主义国家决定把德国在中国山东的权益转让给日本，强迫中国代表签字。消息传到中国国内，全国人民非常愤怒。1919年5月4日，北京各校学生3000多人在天安门广场集会，随后举行游行示威。北京学生爱国运动的影响迅速扩大，全国各地纷纷举行游行示威，发展成为全国性的反帝爱国运动。在巨大的压力面前，中国代表团拒绝在巴黎和约上签字，"五四运动"取得了胜利。

"五四运动"是一场伟大的群众爱国运动，也是一场深刻的思想解放运动，它揭开了新民主主义革命的序幕。

抗日战争 抗日战争指二十世纪三四十年代第二次世界大战中，中国抵抗日本侵略的一场民族性的全面战争。抗日战争从1931年"九一八事变"开始，至1945年结束，共14年。

为了摆脱国内经济危机造成的困扰，1931年9月18日夜，日本发动了震惊世界的“九一八事变”，侵占中国东北。“九一八事变”后，东北军部分爱国官兵奋力反抗日本法西斯的武装侵略。1937年7月7日，日本帝国主义发动“七七事变”，全面抗战爆发。国共两党联合抗战，在正面战场上，国民党军队英勇抵抗，有效地消耗了日军的有生力量。在敌后战场上，共产党领导的八路军、新四军等广泛开展游击战争，有力地打击了日本军队。两个战场相互依存，相互配合，相互支持，全民族形成空前团结、一致抗敌的局面。

1945年8月15日，日本宣布无条件投降，中国抗日战争取得全面彻底的胜利。

解放战争 解放战争也被称为“第三次国内革命战争”，是从1945年8月到1949年10月，中国共产党领导中国人民和人民解放军，为推翻国民党反动统治而进行的伟大革命战争。

抗日战争胜利后，为争取和平，1945年8月底，毛泽东等赴重庆与国民党进行谈判。经过谈判，国共双方于10月10日签署了会谈纪要，即“双十协定”。1946年1月，中国各党派代表和无党派人士在重庆召开政治协商会议，会议通过了有利于和平和人民的协议。但是，政协协议很快被国民党撕毁。1946年6月，国民党军队大举进攻中原解放区，全面内战爆发。从1948年9月到1949年1月，人民解放军先后进行了辽沈、淮海、平津三大战役，基本上消灭了国民党军队的主力。1949年4月20日，人民解放军渡江作战，23日解放南京。经过三大战役和渡江战役等，解放军基本解放了全中国。

第三节　现代史

1949 年 10 月 1 日，中华人民共和国开国大典在北京天安门广场举行，毛泽东主席在天安门城楼上庄严宣告：中华人民共和国中央人民政府成立了。中国的现代史由此开始。此后，10 月 1 日成为中华人民共和国的国庆节。

一、中华人民共和国成立到改革开放（1949 年 10 月—1978 年 12 月）

从 1949 年 10 月 1 日中华人民共和国成立到 1956 年，中国共产党领导全国各族人民有步骤地实现从新民主主义到社会主义的转变，迅速恢复了国民经济，并开展了有计划的经济建设，在全国绝大部分地区基本上完成了对生产资料私有制的社会主义改造。

中华人民共和国成立后的前三年，建立了各地各级人民政府。在城市中，重点开展稳定物价、统一财经的工作，没收官僚资本企业，建立国营经济，废除帝国主义在华的经济特权，扭转了非法经济活动猖獗、哄抬物价扰乱市场的局面，实现了国家财政状况的初步好转。在新解放区农村，进行了土地改革，把土地分给无地和少地的农民，消灭了几千年的封建土地制度。在胜利完成繁重的社会改革任务和进行抗美援朝、保家卫国战争的同时，迅速恢复了在旧中国遭到严重破坏的国民经济。

1954 年 9 月，第一届全国人民代表大会召开，通过了中华人民共和国第一部宪法，确立了过渡时期的总路线，即在一个相当长的时期内，逐步实现国家的社会主义工业化，并逐步实现对农业、手工业和资本主义工商业的社会主义改造。到1956年底，“三大改造”基本完成，中国进入了社会主义初级阶段。

社会主义改造基本完成以后，中国开始转入全面大规模的社会主义建设。从1956年到1966年，是中国社会主义建设在探索中曲折发展的10年。1966年同1956年相比，全国工业固定资产按原价计算，增长了3倍。棉纱、原煤、发电量、原油、钢和机械设备等主要工业产品的产量都有巨大增长。1965年实现了石油全部自给。电子工业、石油化工等一批新兴工业部门建立起来。农业基本建设和技术改造开始大规模展开并逐渐收到成效。全国农业用拖拉机和化肥施用量都增长6倍以上，农村用电量增长70倍。

1966年5月至1976年10月，中国经历了“文化大革命”。1981年6月，中共十一届六中全会通过的《关于建国以来党的若干历史问题的决议》指出：“1966年5月至1976年10月的‘文化大革命’，使党、国家和人民遭到建国以来最严重的挫折和损失。”

1978年12月18日，中国共产党十一届三中全会在北京召开，这次会议是中华人民共和国成立以来具有深远意义的伟大转折，开启了改革开放和社会主义现代化建设新时期。

二、改革开放与中国特色社会主义建设（1978年—2012年）

中国共产党第十一届三中全会的召开，确立了“解放思想，实事求是”的指导思想，做出了把党和国家的工作重心转移到社会主义现代化建设上来和实施改革开放的重大决策，形成了以邓小平同志为核心的党的第二代领导集体，标志着中国社会主义现代化建设进入了一个新的时期。

农村综合改革 自1978年十一届三中全会以后，中国农村开始了以“联产承包责任制”为主要形式的经济改革，促进了经济发展，也为农业养活工业、农村养活城市提供了更强的动力基础和更广的经济源泉。在这个过程中，安徽凤阳小岗村成为中国农村改革的发源地。到1981年年底，全国农村有90%以上的生产队建立了不同形式的农业生产责任制，中国农村出现了新局面。

改革开放 改革开放是中国社会主义初级阶段基本路线的两个基本点之一，是中国特色社会主义现代化建设的一项根本方针。改革，是要从根本上变革束缚生产力发展的经济体制，建立和完善社会主义市场经济体制。开放，主要是对外开放，就是积极参与经济全球化条件下的国际经济合作和竞争，扩大与各国的交流，吸收和借鉴人类社会所创造的一切文明成果。对外开放的突破口是设立沿海经济特区。1980年3月，中共中央决定设立经济特区，采取多种形式吸引和利用外资，学习国外先进技术和经营管理方法。1980年8月，全国人大常委会决定：批准国务院提出的在广东省深圳市、珠海市、汕头市和福建省厦门市设置经济特区的建议。经济特区实行特殊政策和灵活措施，对中国改革开放起到了窗口和示范作用。1992年中国加快改革开放后，经济特区模式转移到国家级新区，上海浦东等国家级新区发展起来，成为中国新一轮改革重要标志。

证券交易所的设立 1990年11月，中国大陆第一家证券交易所在上海成立。这是改革开放以来中国大陆开业的第一家证券交易所。

1991 年 7 月 3 日，深圳证券交易所正式成立。

邓小平南方谈话 1992 年春，被誉为中国改革开放总设计师的邓小平视察了中国南方的武昌、深圳、珠海和上海等地，并发表重要谈话，强调必须坚定不移地坚持党的“一个中心、两个基本点”的基本路线，解放思想，实事求是，抓住有利时机，加快改革开放步伐，集中精力把经济建设搞上去，不断地把有中国特色的社会主义事业全面推向前进。邓小平的南方谈话，科学总结了党的十一届三中全会后中国改革开放的基本实践和基本经验，明确回答了困扰和束缚人们思想的许多重大问题，对中国的经济改革与社会进步起到了关键推动作用。

“一个中心、两个基本点”意思是以经济建设为中心，坚持四项基本原则，坚持改革开放。

社会主义市场经济 1992 年 10 月 12 日，中国共产党第十四次全国代表大会召开，时任中共中央总书记的江泽民在报告中明确提出，中国要建立社会主义市场经济体制。从社会主义计划经济体制转向社会主义市场经济体制，是改革开放实践的结果，也是十一届三中全会以来理论探索的重要成果。建立和完善社会主义市场经济体制是中国深化经济体制改革的一项重要内容。

香港、澳门回归 1997 年 7 月 1 日中国政府对香港恢复行使主权，成立了香港特别行政区。1999 年 12 月 20 日对澳门恢复行使主权，成立了澳门特别行政区。在香港和澳门实行“一个国家，两种制度”的方针。

“一个国家，两种制度”是中国共产党和中国政府关于实现祖国统一大业，解决台湾、香港、澳门问题的科学构想。指在一个中国的前提下，国家的主体坚持社会主义制度，台湾、香港、澳门是中国不可分离的组成部分，它们作为特别行政区保持原有的资本主义制度和生活方式长期不变，享有高度的自治权。

WTO 是 World Trade Organization 的缩写，是根据关贸总协定“乌拉圭回合”关于建立世界贸易组织的协议而产生的具有国际法地位的国际组织，1995 年 1 月 1 日成立。

中国加入世界贸易组织 2001 年 12 月 11 日，中国正式成为世界贸易组织（WTO）成员，标志着中国对外开放进入了全新阶段。中国积极参与经济全球化，对外经济合作步伐加快，吸收外资水平不断提高，对外贸易的规模不断扩大，实现了与世界经济的共同发展。

国民生产总值跃升至世界第二位 2002 年 11 月，中国共产党第十六次全国代表大会选举产生以胡锦涛同志为总书记的中央领导集体。从 2002 到 2012 年的十年间，中国经历了非典、汶川特大地震等重大考验，有效应对国际金融危机的严重冲击，贯彻科学发展观，保持经济平稳较快发展，到 2010 年年底，国内生产总值达到 51.9 万亿元，跃升到世界第二位。同时，创新型国家建设取得新成就，载人航天、探月工程、载人深潜、北斗卫星导航系统、超级计算机、高速铁路等实现重大突破。

取消农业税 2005 年 12 月 29 日，第十届全国人大常委会第十九次会议决定，自 2006 年 1 月 1 日起废止《中华人民共和国农业税条例》。农业税是国家对一切从事农业生产、有农业收入的单位和个人征收的一种税。停止征收农业税，意味着在中国沿袭两千年之久的这项传统税收的终结，这不仅减少了农民的负担，增加了农民的公民权利，而且体现了现代税收中的公平原则。

北京成功举办第 29 届奥运会 2008 年 8 月，北京成功举办第 29 届奥运会。本届奥运会坚持贯彻“绿色奥运、科技奥运、人文奥运”理念，共有 204 个国家和地区的代表团的 1 万多名运动员参加本届奥

图 5-9 北京奥运会

运会。

上海举办第 41 届世界博览会 2010 年 5 月至 10 月，第 41 届世界博览会在中国上海市举行。本次世博会的主题是“城市，让生活更美好”，共有 190 个国家、56 个国际组织以及中外企业参展，吸引了来自世界各地的 7308 万参观者。通过世博会，中国向世界展示了更加开放、包容、文明进步的国家形象。

三、中共十八大以来的历史性变革（2012 年—2017 年）

2012 年 11 月，中国共产党第十八次全国代表大会在北京召开。十八大以来的 5 年，中国改革开放和社会主义现代化建设取得了历史性的成就，中国发生了历史性的变革。

第一，经济保持中高速增长，在世界主要国家中名列前茅，国内生产总值增长到 80 万亿元，稳居世界第二，对世界经济增长贡献率超过 30%。经济结构不断优化，创新驱动发展战略大力实施。

第二，全面深化改革取得重大突破。改革全面发力，多点突破，纵深推进，推出一千五百多项改革举措，重要领域和关键环节改革取得突破性进展，主要领域改革主体框架基本确立。

第三，民主法治建设迈出重大步伐。全社会法制观念明显增强，在全面依法治国方面取得成效，中国特色社会主义法治体系日益完善。

"社会主义核心价值观"的内容为：富强、民主、文明、和谐，自由、平等、公正、法治，爱国、敬业、诚信、友善。

第四，思想文化建设取得重大进展。中国特色社会主义和中国梦深入人心，社会主义核心价值观和中华优秀传统文化广泛弘扬，群众性精神文明创建活动扎实开展，国家文化软实力和中华文化影响力大幅提升。

第五，人民生活不断改善。政府实施了一大批惠民举措，人民获得感显著增强。六千多万贫困人口稳定脱贫，贫困发生率从 10.2% 下降到 4% 以下。

第六，中国越来越重视保护生态环境。近 50 年来以全球变暖为主要特征的气候变化对自然生态系统和人类社会经济系统产生了重大影响，成为人类可持续发展最严峻的挑战之一。中国积极参与应对气候变化国际合作，成为全球生态文明建设的重要参与者、贡献者、引领者。

第七，全面推进中国特色大国外交。实施共建"一带一路"倡议，倡导构建人类命运共同体，进一步提高了中国国际影响力。

新时代 新征程 2017 年 10 月 18 日，中国共产党第十九次全国代表大会在北京召开，习近平同志代表第十八届中央委员会向大会做报告。报告指出，经过长期努力，中国特色社会主义进入新时代。中国社会主要矛盾已经转化为人民日益增长的美好生活需要和不平衡不充分发展之间的矛盾。

这个新时代，是承前启后、继往开来、在新的历史条件下继续夺取中国特色社会主义伟大胜利的时代，是决胜全面建成小康社会、进而全面建设社会主义现代化强国的时代，是全国各族人民团结奋斗、逐步实现全体人民共同富裕的时代，是全体中华儿女勠力同心、奋力实现中华民族伟大复兴中国梦的时代，是中国日益走近世界舞台中央、不断为人类做出更大贡献的时代。

报告指出，从现在到 2020 年，是中国全面建成小康社会决胜期。从 2020 年到本世纪中叶，可以分两个阶段来安排。第一阶段，从 2020 年到 2035 年，在全面建成小康社会的基础上，再奋斗 15 年，基本实现社会主义现代化。第二阶段，从 2035 年到本世纪中叶，在基本实现现代化的基础上，再奋斗 15 年，把中国建成富强、民主、文明、和谐、美丽的社会主义现代化强国。

思考与练习

一、填空

1. 目前发现的世界上最大的青铜器是________，重约 875 千克，是中国商朝晚期的遗物，距今已有 3000 多年的历史。

2. 1023 年，宋朝开始发行世界上最早的纸币——________。

3. 为加强中国与世界的联系，从 1405 年起，明代航海家________率领船队先后七次下西洋，最远到达红海沿岸和非洲东海岸。

二、选择

1. 中国境内已知最早的人类是________，距今约 170 万年。

   A. 蓝田人　B. 元谋人　C. 山顶洞人　D. 北京人

2. 西汉时期，汉武帝派遣一位使者出使西域，开辟了丝绸之路，这位使者是________。

   A. 卫青　B. 霍去病　C. 张骞　D. 司马迁

3. ________是中国古代传统的出口商品。

   A. 玻璃　B. 香料　C. 珠宝　D. 茶叶

4. 下列中国古代朝代更迭顺序正确的是________。

   A. 明—清—元　B. 元—明—清　C. 清—元—明　D. 元—清—明

三、简答

1. 辛亥革命的意义是什么？

2. 中国从 2012 年到 2017 年有哪些历史性变革？

第六章

中国的政治制度

政治制度是随着人类社会政治现象的出现而产生的，是一个国家为维护共同安全和利益、维持公共秩序而对各种政治关系所做的一系列规定。这里所说的中国的政治制度，是指1949年10月中华人民共和国成立以来，关于中华人民共和国国家政权、政府制度、国家与社会关系等一系列根本问题的法律和体制，包括中国的政治体制、国家机构、司法制度等。

第一节 政治体制

人民代表大会制度是中国的根本政治制度，中国共产党领导的多党合作和政治协商制度是中国的一项基本政治制度。

一、人民代表大会制度

《中华人民共和国宪法》规定，中华人民共和国的一切权力属于人民。人民行使国家权力的机关是全国人民代表大会和地方各级人民代表大会。

（一）人民代表大会

全国人民代表大会简称“人大”，是中国的最高国家权力机关，由省、自治区、直辖市、特别行政区和中国人民解放军选出的代表组成，各少数民族都应当有适当名额的代表。每届代表任期五年。全国人民代表大会会议每年举行一次，如果必要，可以召开临时会议。

图 6-1　全国人民代表大会会议

全国人民代表大会常务委员会是全国人民代表大会的常设机关，对全国人民代表大会负责并报告工作，由委员长、副委员长、秘书长、委员等组成。常务委员会的组成人员，不得担任国家行政机关、监察机关、审判机关和检察机关的职务。

地方各级人民代表大会是地方国家权力机关，县级以上的地方各级人民代表大会设立常务委员会。地方各级人民代表大会每届任期五年。

（二）全国人民代表大会行使的职权

全国人民代表大会行使的职权是：修改宪法；监督宪法的实施；制定和修改刑事、民事、国家机构的和其他的基本法律。选举全国人民代表大会常务委员会委员长、副委员长、秘书长和委员；选举中华人民共和国主席、副主席；根据中华人民共和国主席的提名，决定国务院总理的人选；根据国务院总理的提名，决定国务院副总理、国务委员、各部部长、各委员会主任、审计长、秘书长的人选；选举中华人民共和国中央军事委员会主席；根据中华人民共和国中央军事委员会主席的提名，决定中华人民共和国中央军事委员会其他组成人员的人选；选举国家监察委员会主任；选举最高人民法院院长；选举最高人民检察院检察长。有权罢免上述人员。审查和批准国民经济和社会发展计划和计划执行情况的报告；审查中央和地方预算及中央和地方预算执行情况的报告，批准中央预算和中央预算执行情况的报告。改变或者撤销全国人民代表大会常务委员会不适当的决定。批准省、自治区和直辖市的建置；决定特别行政区的设立及其制度；决定战争和和平的问题。应当由最高国家权力机关行使的其他职权。

（三）人大代表的选举

全国人民代表大会的代表的选举由全国人民代表大会常务委员会

主持。省、自治区、直辖市、设区的市、自治州的人民代表大会由下一级的人民代表大会选举出的代表组成。县、自治县、不设区的市、市辖区，以及乡、民族乡、镇的人民代表大会由选民直接选出的代表组成。所有的选举都采取不记名投票的方式进行。

中华人民共和国年满18周岁的公民，除依照法律被剥夺政治权利的人以外，都有选举权和被选举权。全国各级人民代表大会代表代表选民的利益和意志，代表选民行使管理国家的权力。

二、中国共产党领导的多党合作和政治协商制度

中国共产党领导的多党合作和政治协商制度，是中华人民共和国的一项基本政治制度。中国共产党是中华人民共和国的唯一执政党，八个民主党派是参政党，在接受中国共产党领导的前提下，与中国共产党合作，参与执政。中国共产党与各民主党派合作的基本方针是：长期共存，互相监督，肝胆相照，荣辱与共。

（一）中国的政党

中国共产党　中国共产党成立于1921年7月，1949年中华人民共和国成立后，成为中国的执政党。截止到2016年年底，中国共产党共有党员8944.7万名，成员有工人、农民、知识分子、军人、学生等。中国共产党的最高领导机关，是中国共产党全国代表大会和它所产生的中央委员会。中国共产党的全国代表大会每5年举行一次，闭会期间，由中央委员会执行全国代表大会的决议，领导党的全部工作，对外代表中国共产党。

中国的参政党是中国的民主党派。中国多党合作制度中包括中国

共产党和8个民主党派。

中国国民党革命委员会 简称民革，1948年1月1日在香港正式成立，成员主要分布在教育、科技、医药卫生、经济、文化艺术、新闻出版、政府机关各界，现有成员11万多人。

中国民主同盟 简称民盟，1941年3月19日在重庆成立，主要由从事文化教育和科学技术工作的知识分子组成，现有成员约28.2万人。

中国民主建国会 简称民建，成立于1945年12月16日，由经济界和其他方面的代表人士组成，现有成员约17万人。

中国民主促进会 简称民进，成立于1945年12月30日，主要由从事教育、文化、出版及科技等工作的知识分子组成，现有成员14.5万人。

中国农工民主党 简称农工党，成立于1930年8月9日，成员主要是大中城市的医药卫生界知识分子，现有成员约12.5万人。

中国致公党 1925年10月在美国旧金山成立，以归国华侨为主，主要由教育、科技、医务、经济、侨务、文艺等领域的人士组成。致公党直接参与领导和组织华侨方面的工作，现有成员4万余人。

九三学社 成立于1946年5月，以大中城市的科技、高等教育、医药卫生等领域的知识分子为主，现有成员约16.4万人。

台湾民主自治同盟 简称台盟，1947年11月12日在香港成立。主要由居住在中国大陆大中城市的、有一定代表性的台湾省人士组成，现有成员3000余人。

（二）多党合作的主要形式

多党合作有三种主要形式。第一，参政议政。在中国共产党的领导下，各民主党派成员通过协商、座谈、书面建议等形式，献计献策，参与国家事务管理。第二，民主监督。民主党派通过人民代表大会、政协会议、各专门委员会等向中国共产党组织、国家机关提出意见、建议和批评，发挥监督作用。第三，民主党派的成员在国家机构中担任职务，直接参与国家事务管理。

（三）政治协商制度

政治协商是中国共产党领导的多党合作的最主要的政治内容，组织形式是中国人民政治协商会议，简称政协。中国人民政治协商会议由中国共产党、各民主党派、无党派人士、人民团体、各民族和各界的代表，台港澳同胞和侨胞的代表，以及特别邀请的人士组成。主要职能是政治协商和民主监督。

中国人民政治协商会议设全国委员会，每届任期5年，每年举行一次全体会议。全国委员会设主席一人、副主席若干人，并设立常务委员会主持会务。

目前中国还有各级地方政协委员会3000多个，省、自治区、直辖市，自治州、设区的市、县、自治县，不设区的市和市辖区，凡有条件设中国人民政治协商会议的地方，均设立人民政协组织。各级地方政协委员会共有委员50多万人，每届任期5年。

第二节　国家机构

国家机构是进行国家管理和执行统治职能的国家机关的总和，它包括立法机关、行政机关、监察机关、审判机关、检察机关和军事机关等。中华人民共和国的国家机构包括：全国人民代表大会、国家主席、国务院、中央军事委员会、地方各级人民代表大会和地方各级人民政府、监察委员会、民族自治机关、人民法院和人民检察院。

一、国家主席

中国的国家元首是国家主席，中华人民共和国主席、副主席都由全国人民代表大会选举产生。有选举权和被选举权的年满45周岁的中华人民共和国公民可以被选为中华人民共和国主席、副主席。中华人民共和国主席、副主席每届任期同全国人民代表大会每届任期相同。

二、国务院

中华人民共和国国务院即中央人民政府，是最高国家权力机关的执行机关，是最高国家执行机关，由总理、副总理若干人、国务委员若干人、各部部长等组成。国务院实行总理负责制。总理的人选由国家主席提名，经过全国人民代表大会决定后，由国家主席任命。总理每届任期为五年，同全国人民代表大会每届任期相同，连续任职不得超过两届。

图 6-2 新华门

三、中央军事委员会

按照《中华人民共和国宪法》规定，中央军事委员会领导全国武装力量。

中央军事委员会由下列人员组成：主席，副主席若干人，委员若干人。中央军事委员会实行主席负责制。每届任期同全国人民代表大会每届任期相同。

第三节 司法制度

一、司法制度

中国是一个法治国家，具有比较完备的司法制度，实行依法治国。中国的司法制度是司法机关和法律授权的、处理各种案件的制度，它既是国家政治制度的重要组成部分，又是国家政治制度的重要保障。

中国的司法制度包括侦查制度、检察制度、审判制度、监狱制度、司法行政管理制度、调解制度、律师制度、公证制度、国家赔偿制度等，这些制度共同构成了人民司法制度体系。中华人民共和国成立以来，除宪法有关规定外，先后制定了《中华人民共和国人民法院组织法》《中华人民共和国人民检察院组织法》《中华人民共和国法官法》《中华人民共和国检察官法》等，对当代中国的司法制度进行了系统的规定。

二、司法机关

中国的司法机关包括审判机关、检察机关、公安机关（含国家安全机关）、司法行政机关等。中国具体的司法程序包括侦查、起诉、审判、执行四个步骤，由以上机关共同合作。

人民法院 中华人民共和国人民法院是国家的审判机关。中华人民共和国设立最高人民法院、地方各级人民法院和军事法院等专门人民法院。最高人民法院是中国的最高审判机关，监督地方各级人民法院和专门人民法院的审判工作。中国法官的级别分为十二级，最高人民法院院长为首席大法官。

人民检察院 中华人民共和国人民检察院是国家的法律监督机关。中华人民共和国设立最高人民检察院、地方各级人民检察院和军事检察院等专门人民检察院。最高人民检察院是最高检察机关，领导地方各级人民检察院和专门人民检察院的工作。中国检察官的级别分为十二级，最高人民检察院检察长为首席大检察官。

公安机关 公安机关是人民政府的重要组成部分，是国家的行政机关、治安机关和司法机关。公安机关的人民警察实行等级警衔制度，警衔设五等十三级，分为总警监、副总警监、警监、警督、警司、警员等。

司法行政机关 司法行政机关是政府对司法工作进行行政管理的专门机关。国务院设司法部，主管国家司法行政工作；地方各级政府的司法行政机关称为司法厅或司法局。司法行政机关的主要职责是管理监狱、劳改、律师、公证、人民调解，并进行法制宣传教育等工作。

三、法律体系

中国的法律体系由宪法及宪法相关法、民法、商法、行政法、经济法、社会法、刑法、诉讼与非诉讼程序法等构成。

宪法是中国的根本法，具有最高的法律效力。现行宪法除序言外，共分为 4 章 143 条，分别为：总纲，公民的基本权利和义务，国家机构，国旗、国歌、国徽、首都。每年的 12 月 4 日为中国的国家宪法日。

宪法保障公民的基本权利，包括选举权和被选举权，言论、出版、集会、结社、游行、示威的自由，宗教信仰自由，人身自由，人格尊严和住宅不受侵犯的权利，通信自由和通信秘密受法律保护的权利，对任何国家机关和国家工作人员提出批评、建议的权利，劳动、休息和在年老、疾病或者丧失劳动能力的情况下从国家和社会获得物质帮助的权利，受教育的权利，进行文化活动的自由等。

思考与练习

一、填空

1. ________制度是中国的根本政治制度。

2. 中国多党合作制度中包括中国共产党和________个民主党派。

3. 在中国的法律体系中，________是中国的根本法。

二、选择

1. 中国共产党领导的多党合作的最主要的政治内容是________。

A. 参政议政　　B. 民主监察　　C. 直接管理　　D. 政治协商

2. 每年的12月4日为中国的________。

A. 建军日　　B. 国家宪法日　　C. 选举日　　D. 国庆日

三、简答

1. 中国的政治制度主要包括什么？

2. 中国的司法机关包括哪些？

第七章

中国的经济

1978 年，中国开始实行对内改革、对外开放的政策。自此，国民经济蓬勃发展，中国国内生产总值从 1980 年的 4546 亿元人民币增长到 2011 年的 473104 亿元人民币，在此期间，年平均经济增长速度约为 10%。2012 年以来，“创新、协调、绿色、开放、共享”的发展理念得到有效贯彻，经济发展新常态成为社会的普遍共识。中国经济已由高速增长阶段，转向高质量发展阶段。

第一节　综合经济

本节所有数据及相关图表均出自中华人民共和国国家统计局《中华人民共和国2017年国民经济和社会发展统计公报》。

改革开放以来，在制度变迁、全球产业转移和低要素成本优势三大因素的推动下，中国经济实现了“起飞”和高速增长。2012年，中国成为全球第二大经济体，综合竞争能力显著提升。

一、国内生产总值

国内生产总值（GDP）是指在一定时期内，一个国家或地区的经济中所生产出的全部最终产品和劳务的价值。国内生产总值是国民经济核算的核心指标，是衡量一个国家或地区经济状况和发展水平的重要标志之一。中国国家统计局公报显示，2017年，全年国内生产总值827122亿元，比上年增长6.9%。其中，第一产业增加值65468亿元，占国内生产总值的比重为7.9%；第二产业增加值334623亿元，比重为40.5%；第三产业增加值427032亿元，比重为51.6%。

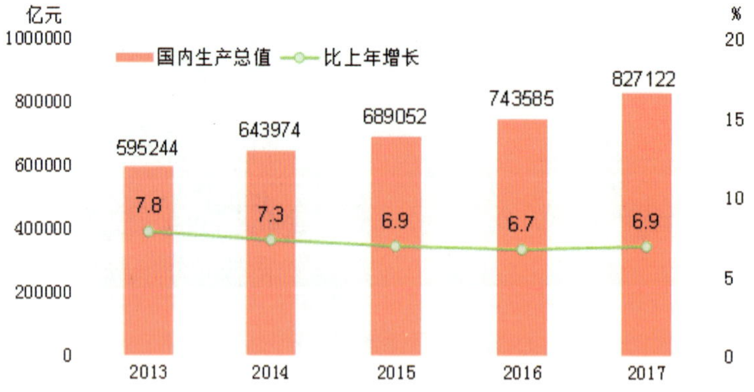

图7-1　2013—2017年中国国内生产总值及其增长速度

二、人均国内生产总值

人均国内生产总值，也被称为“人均 GDP”，是将一个国家核算期内实现的国内生产总值与这个国家的常住人口相比得到的宏观经济指标之一，是人们了解和把握一个国家或地区的宏观经济运行状况的有效工具，是衡量各国人民生活水平的一个标准。中国国家统计局数据显示，2017 年全年人均国内生产总值 59660 元。

三、一般公共预算收入

一般公共预算收入是指政府凭借国家政治权力，以社会管理者身份筹集以税收为主体的财政收入，主要用于保障和改善民生、维持国家行政职能正常运转、保障国家安全等方面。2017 年，中国全年一般公共预算收入 172567 亿元，比上年增长 7.4%，其中税收收入 144360 亿元，比上年增长 10.7%。

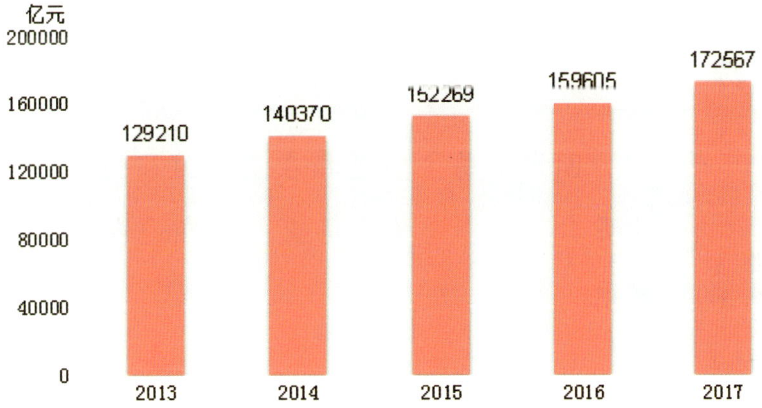

图 7-2　2013—2017 年中国全国一般公共预算收入

四、外汇储备

外汇储备，又称为外汇存底，是指为了应付国际支付的需要，各国中央银行及其他政府机构所集中掌握的外汇资产。外汇储备的具体形式有：政府在国外的短期存款或其他可以在国外兑现的支付手段，如外国有价证券，外国银行的支票、期票、外币汇票等。外汇储备主要用于清偿国际收支逆差以及干预外汇市场，以维持该国货币的汇率。

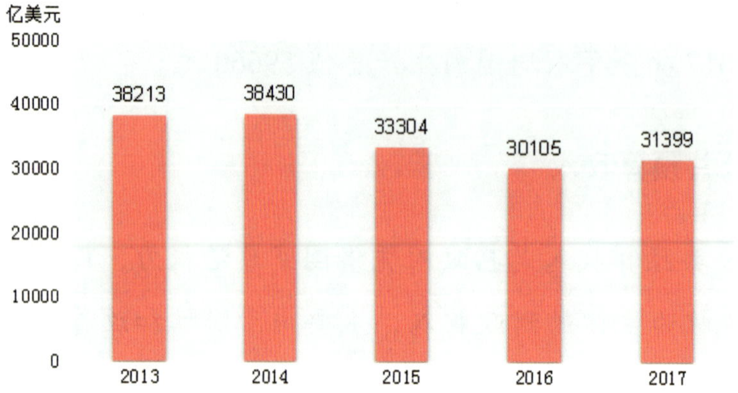

图 7-3　2013—2017 年年末中国国家外汇储备

2017 年年末中国外汇储备 31399 亿美元，比上年末增加 1294 亿美元。

五、国内贸易

国内贸易主要是指在某一国家国内进行的商品的买卖、现货仓单市场交易等在境内发生的交易的总称。

2017 年，中国全年社会消费品零售总额 366262 亿元。按消费类型统计，商品零售额 326618 亿元，餐饮收入额 39644 亿元。

现货仓单是一份在现在或将来的一段时间内、可以到指定仓库内购入或销出仓单所规定的标准货物的凭证。现货仓单市场交易是以一定保证金的形式，对现货仓单进行买卖。

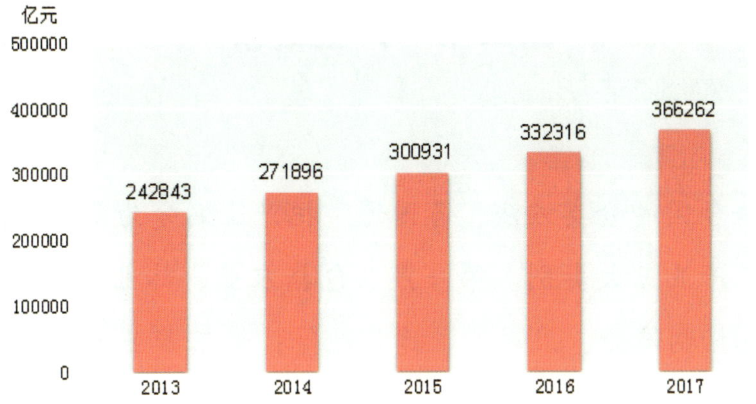

图 7-4　2013—2017 年社会消费品零售总额

六、对外经济贸易

对外经济贸易是一个国家对其他国进行的经济、商业上的贸易。其中，进出口总额是观察一个国家对外贸易总规模的重要指标。

2017 年，中国全年货物进出口总额 277923 亿元，其中，出口 153321 亿元，进口 124602 亿元。货物进出口差额（出口减进口）28719 亿元。

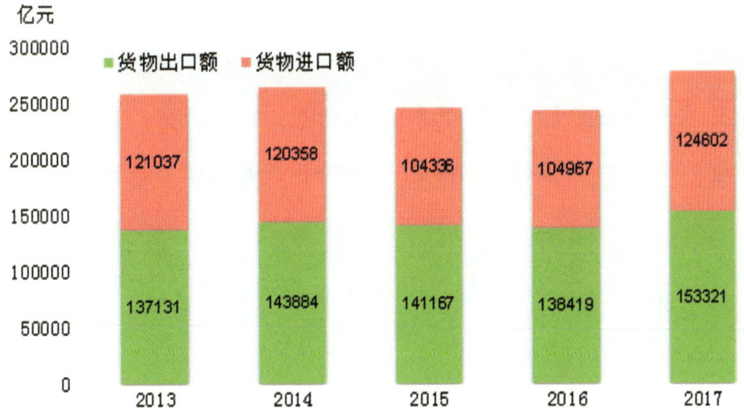

图 7-5　2013—2017 年货物进出口总额

第二节　产业经济

按照联合国的分类方法，各国通常把产业划分为第一产业、第二产业和第三产业三大类别。第一产业包括农业、林业、牧业和渔业；第二产业包括制造业、采矿业、建筑业等；第三产业包括商业、金融业、保险业、不动产业、运输业、通信业、服务业及其他非物质生产部门。

一、第一产业

（一）农业

农业属于第一产业，提供支撑国民经济建设与发展的基础产品。广义的农业包括种植业、林业、畜牧业、渔业、副业五种产业形式。狭义的农业指种植业，包括生产粮食作物、经济作物、饲料作物和绿肥等农作物的生产活动。

种植业是中国最重要的农业生产部门，主要包括粮食作物和经济作物。中国主要的粮食作物有水稻、小麦、玉米等，主要的经济作物有棉花、花生、油菜、芝麻、甘蔗、茶叶、烟草、桑蚕、果品等。中国是蔬菜生产大国，1992 年以来，蔬菜总产量一直稳居世界第一位。此外，中国还是水果资源和药材资源异常丰富的国家。

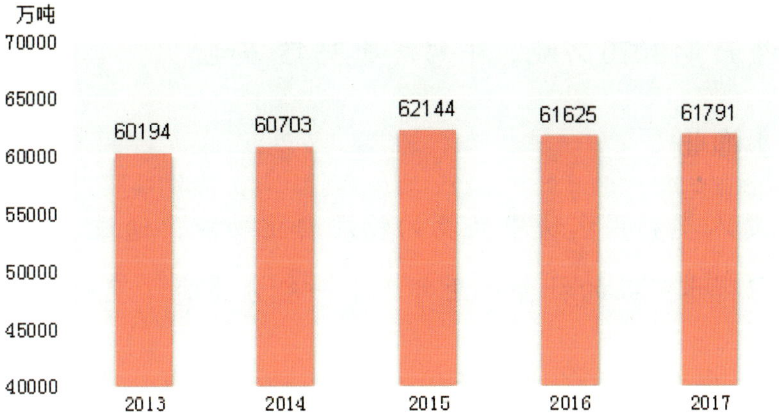

图 7-6　2013—2017 年中国粮食产量

（二）林业

林业包括森林种植业、运输业和贸易业，人造板工业，林产加工业，野生动物保护和繁殖业，以及森林旅游业等，是一个涉及国民经济第一、二、三产业多个门类，涵盖范围广，产业链条长，产品种类多的复合产业群体。

2017 年中国林业产业总值首次突破 7 万亿元，林产品进出口贸易额达 1500 亿美元，继续保持世界林产品生产、贸易第一大国地位。

（三）牧业

在中国，牧业通常是指畜牧业。畜牧业是农业的组成部分之一，与种植业并列为农业生产的两大支柱。

畜牧业是利用畜禽等已经被人类驯化的动物，通过人工饲养、繁殖，将牧草和饲料等植物能转变为动物能，以取得肉、蛋、奶、羊毛、皮革、蚕丝和药材等畜产品的生产部门。

2017年中国全年猪牛羊禽肉产量8431万吨，其中禽肉产量1897万吨，禽蛋产量3070万吨。牛奶产量3545万吨。

（四）渔业

渔业是人类利用水域中生物的物质转化功能，通过捕捞、养殖和加工，以取得水产品的社会产业部门。一般分为海洋渔业和淡水渔业。

2017年中国全年水产品产量6938万吨，其中，养殖水产品产量5281万吨，捕捞水产品产量1656万吨。

图 7-7 查干湖冬捕

二、第二产业

（一）工业

工业是指采集自然物质资源原料，并把它们加工成产品的工作和过程，是社会分工发展的产物。工业是第二产业的重要组成部分，分为轻工业和重工业两大类。

2017 年，中国全年全部工业增加值 279997 亿元，全年规模以上工业增加值增长 6.6%。在规模以上工业中，分经济类型看，国有控股企业增长 6.5%，集体企业增长 0.6%，股份制企业增长 6.6%，外商及港澳台商投资企业增长 6.9%，私营企业增长 5.9%。分门类看，采矿业下降 1.5%，制造业增长 7.2%，电力、热力、燃气及水生产和供应业增长 8.1%。

“规模以上”是一个统计术语。一般以年产量作为企业规模的标准。国家对不同行业的企业都制定了一个规模要求，达到规模要求的企业就称为规模以上企业。国家统计时，一般只对规模以上企业作全数统计。

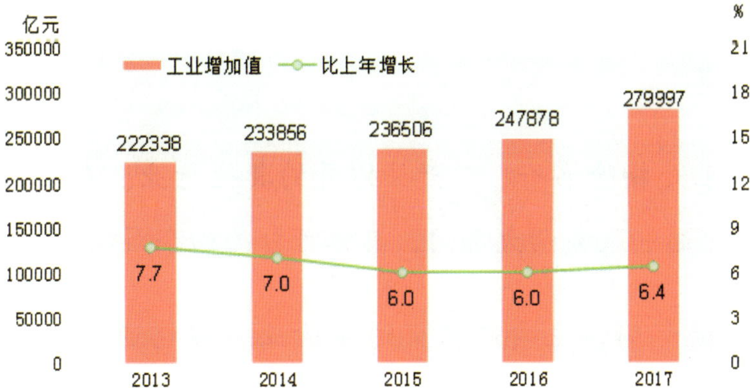

图 7-8　2013　2017 年中国全部工业增加值及其增长速度

（二）建筑业

建筑业是专门从事土木工程、房屋建设、设备安装以及工程勘察设计工作的生产部门。

2017 年中国全年全社会建筑业增加值 55689 亿元。全国具有资质等级的总承包和专业承包建筑业企业实现利润 7661 亿元，其中，国有控股企业利润为 2313 亿元。

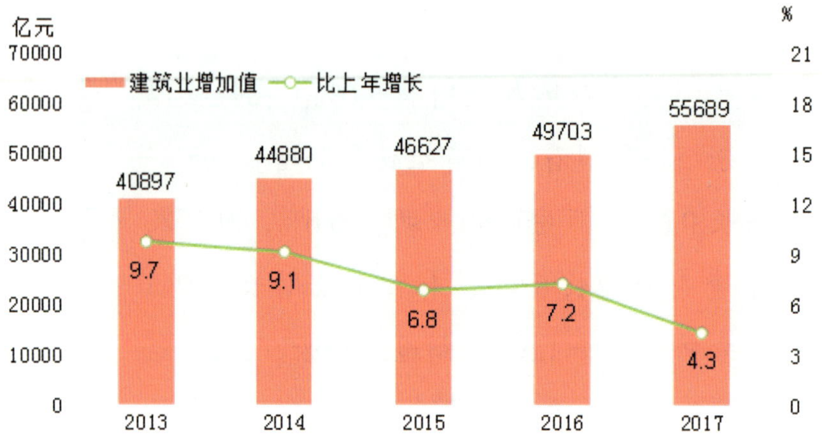

图 7-9　2013—2017 年中国建筑业增加值及其增长速度

三、第三产业

第三产业是指除第一、二产业以外的其他行业。在中国，第三产业主要包括流通和服务两大部门，具体可分为四个层次。

一是流通部门，主要包括交通运输业、邮电通信业、商业饮食业、物资供销和仓储业；二是为生产和生活服务的部门，主要包括金融业、保险业、地质普查业、房地产管理业、公用事业、居民服务业、旅游业、信息咨询服务业和各类技术服务业；三是为提高科学文化水平和居民素质服务的部门，主要包括教育、文化、广播、电视、科学研究、卫生、体育和社会福利事业；四是国家机关、政党机关、社会团体、警察、军队等，但在中国国内不计入第三产业产值和国民生产总值。

（一）流通部门

交通运输业　交通运输业主要是指国民经济中专门从事运送货物和旅客的社会生产部门，包括铁路、公路、水运、航空等运输部门。

2017 年中国全年货物运输总量 479 亿吨，全年规模以上港口完成货物吞吐量 126 亿吨，规模以上港口集装箱吞吐量 23680 万标准箱。全年旅客运输总量 185 亿人次，全国民用汽车保有量约 21743 万辆，其中私人汽车保有量 18695 辆。

图 7-10　港口装卸场景

邮电通信业　邮电通信业包括邮政、电信及相关业务。2017年，中国完成邮政行业业务总量9764亿元。年末全国电话用户总数161125万户，其中移动电话用户141749万户。移动电话普及率上升至102.5部/百人。互联网上网人数7.72亿人，互联网普及率达到55.8%。

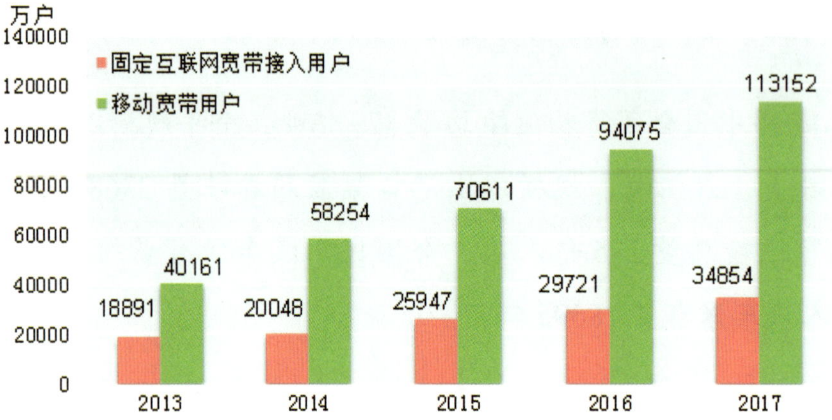

图7-11　2013—2017年年末固定互联网宽带接入用户和移动宽带用户数

（二）服务部门

服务业有服务产业和服务事业之分。以增值为目的提供服务产品的生产部门和企业集合叫服务产业；以满足社会公共需要提供服务产品的政府行为集合叫服务事业。

卫生事业　中华人民共和国成立以来，特别是改革开放以来，中国卫生事业取得了显著成就，覆盖城乡的医疗卫生服务体系基本形成，疾病防治能力不断增强，医疗保障覆盖人口逐步扩大，卫生科技水平迅速提高，人民群众健康水平明显改善，居民主要健康指标处于发展中国家前列。

2017年年末，中国共有医疗卫生机构99.5万个，卫生技术人员

891 万人，医疗卫生机构床位 785 万张。

社会福利事业 社会福利事业是指为社会孤、老、残、幼和其他有特殊困难的社会成员提供社会服务的事业。

目前，中国主要依靠社会力量，多层次、多渠道、多形式兴办福利事业，主要包括：

（1）国家办的社会福利事业。有社会福利院、孤儿学校、精神病疗养院等福利事业单位；有盲人学校、聋哑人学校等特殊教育机构；有中国 SOS 儿童村等国际合作的福利项目。

SOS 儿童村是一个国际性的民间慈善组织，起源于第二次世界大战时期的奥地利，其特色在于采用家庭模式收养孤儿，让他们重新享有母爱和家庭温暖，并用 SOS 这个国际上通用的求救信号，呼吁全社会都来关心和帮助那些在灾难中幸存的孩子们。

（2）农村乡镇敬老院。

（3）企事业单位、机关和学校社会团体及个人兴办的各种福利服务设施与机构。

（4）社区服务。包括老年活动中心、残疾人社区康复中心、街道托儿所等为老年人、残疾人及儿童服务的设施。

第三节 物流、金融和互联网经济

一、物流

物流业是融合运输业、仓储业、货代业和信息业等的复合型服务产业。物流业是国民经济的重要组成部分，涉及领域广，吸纳就业人数多，促进生产、拉动消费作用大，在促进产业结构调整、转变经济发展方式和增强国民经济竞争力等方面发挥着重要作用。中国物流业虽然起步较晚，但是发展迅猛，被称为中国经济的一匹黑马。在服务商流、保障生产和方便生活三个方面都起到了重要的作用。

2013年7月18日，连接亚洲、欧洲的物流通道“中欧班列”正式开行。中欧班列以其运距短、速度快、安全性高的特征，以及安全快捷、绿色环保、受自然环境影响小的优势，成为国际物流中陆路运输的骨干方式。中欧班列物流组织日趋成熟，在将丝绸之路从原先的“商贸路”变成产业和人口集聚的“经济带”的过程中起着重要作用。

随着中国电商产业的发展，物流快递行业也成为中国人日常生活中不可缺少的一部分。

图 7-12　中欧班列

二、金融

从事金融交易或经营金融产品的行业称为金融行业，包括银行业、保险业、信托业、证券业和租赁业。金融业的指标数据从各个角度反映了国民经济的整体和个体状况，是国民经济发展的晴雨表。中国现行金融体系中的五大国有商业银行是中国工商银行、中国农业银行、中国银行、中国建设银行和交通银行。

在国内，中国政府充分利用金融经济运行中的调节功能，将金融资源配置到保障民生方面，推出了绿色金融与普惠金融等政策。

绿色金融与普惠金融 金融经济是对金融资源进行有效配置的一种经济形式。针对经济发展中出现的环境污染、民营企业投资大幅下降、房地产泡沫、不良贷款、地方债务等问题，中国充分发挥金融在经济运行中的调节功能，推出“绿色金融”政策，即在投资融资决策中考虑潜在的环境影响，支持环保、节能项目或企业发展，通过金融手段引导更多资本、资源投向绿色环保产业。同时，针对小微企业、农民、城镇低收入人群、贫困人群和残疾人、老年人等特殊群体的需求，中国政府推出“普惠金融”政策，在立足机会平等要求和商业可持续原则下，以可负担的成本，为有金融服务需求的社会各阶层和群体提供价格合理、便捷安全的金融服务。

在国际上，中国的金融业通过扩大开放、深化改革，不断与世界接轨，成功地融入世界金融格局，其中，最明显的标志是设立亚洲基础设施投资银行和人民币正式加入国际货币基金组织特别提款权。

亚洲基础设施投资银行（Asian Infrastructure Investment Bank）简

称亚投行（AIIB），是一个政府间性质的亚洲区域多边开发机构，重点支持基础设施建设，促进亚洲区域建设互联互通化和经济一体化进程，加强中国与其他亚洲国家和地区的合作。亚投行是首个由中国倡议设立的多边金融机构，总部设在北京。

2013年10月2日，习近平提出筹建亚投行的倡议，2014年10月24日，包括中国、印度、新加坡等在内的21个首批意向创始成员国的财长和授权代表在北京签约，共同决定成立亚洲基础设施投资银行。2015年12月25日，亚洲基础设施投资银行正式成立。

作为由中国提出创建的区域性金融机构，亚洲基础设施投资银行的主要业务是援助亚太地区国家的基础设施建设。在全面投入运营后，亚洲基础设施投资银行将运用一系列支持方式为亚洲各国的基础设施项目提供融资支持——包括贷款、股权投资以及提供担保等，以振兴包括交通、能源、电信、农业和城市发展在内的各个行业投资。

人民币加入国际货币基金组织特别提款权

发行特别提款权旨在补充黄金及可自由兑换货币以保持外汇市场的稳定。

货币篮子特别提款权（Special Drawing Right，简称SDR），也叫“纸黄金”，最早发行于1969年，是国际货币基金组织根据会员国认缴的份额分配的，可用于偿还国际货币基金组织债务、弥补会员国政府之间国际收支逆差的一种账面资产。因为它是国际货币基金组织原有的普通提款权以外的一种补充，所以称为特别提款权。

2016年10月1日，人民币正式加入国际货币基金组织特别提款权，特别提款权的价值由美元、欧元、人民币、日元、英镑这五种货币所构成的一篮子货币的当期汇率确定，所占权重分别为 41.73%、30.93%、10.92%、8.33% 和 8.09%。

人民币纳入国际货币基金组织特别提款权，有利于推进国际货币体系的改革，促进全球经济增长，维护全球金融稳定，完善全球经济治理。

三、互联网经济

互联网经济是信息网络化时代产生的一种崭新的经济现象，是基于互联网所产生的经济活动的总和，在当今发展阶段主要包括电子商务、互联网金融、即时通信、搜索引擎和网络游戏五大类型。

在互联网经济时代，各种经济活动和经济行为都越来越多地依赖信息网络，人们不仅要从网络上获取大量经济信息，而且许多交易行为也直接在信息网络上进行。从全球的情况来看，互联网经济正成为经济增长的新引擎。在中国，互联网经济已成为重塑传统产业、推动创业创新的重要推动力。

根据统计，2017 年中国全年网上零售额 71751 亿元。其中网上商品零售额 54806 亿元，占社会消费品零售总额的比重为 15.0%。在网上商品零售额中，食品类商品增长 28.6%，服装类商品增长 20.3%。

网上零售额是指通过公共网络交易平台（包括自建网站和第三方平台）实现的商品和服务零售额。

作为中国互联网经济中的著名企业，阿里巴巴集团创立于 1999 年，其创始人和董事局主席是马云。这是一个提供电子商务在线交易平台的大型跨国公司，业务包括 B2B 贸易、网上零售、购物搜索引擎、第三方支付和云计算服务。集团的子公司及关系公司有阿里巴巴 B2B、淘宝网、天猫、一淘网、阿里云计算及支付宝等。2016 年，中国线上线下社会消费品零售总额，11% 来自阿里巴巴集团；2017 年仅“双十一”一天，阿里巴巴集团就达成了 178 亿美元的销售。英国《经济学人》杂志称它为“世界上最伟大的集市”。

B2B（Business to Business）指企业与企业之间通过互联网进行产品、服务及信息的交换。

2017 年 12 月，中央经济工作会议在北京召开。会议指出，中国经济发展已经进入新时代，基本特征就是中国经济已经从高速增长阶段转向高质量发展阶段。围绕推动高质量发展，会议强调要做好八项重点工作：一是深化供给侧结构性改革；二是激发各类市场主体活力；三是实施乡村振兴战略；四是实施区域发展战略；五是推动形成全面开放新格局；六是提高保障和改善民生水平；七是加快建立多主体供应、多渠道保障、租购并举的住房制度；八是加快推进生态文明建设。

思考与练习

一、填空

1. ________是国民经济核算的核心指标，是衡量一个国家或地区经济状况和发展水平的重要标志之一。

2. 第一产业包括农业、林业、牧业和________。

3. 中国现行金融体系中的五大国有商业银行是中国工商银行、中国农业银行、中国银行、中国建设银行和________。

二、选择

1. 建筑业属于________。

A. 第一产业　B. 第二产业　C. 第三产业　D. 第四产业

2. 中国主要经济作物包括________。

A. 小麦、玉米　B. 水稻、小麦　C. 花生、棉花　D. 玉米、芝麻

3. 目前中国已成为全球第________大经济体。

A. 一　B. 二　C. 三　D. 四

三、简答

1. 中国的第三产业包括哪些部门？

2. 简要介绍一下亚投行。

第八章

中国的外交

1949 年以来，中国政府奉行独立自主的和平外交政策，在和平共处五项原则的基础上发展同各国的外交关系。近年来，中国政府全面推进中国特色大国外交，形成全方位、多层次、立体化的外交布局，倡导构建人类命运共同体，推动全球治理体系朝着更加公正合理的方向发展。

第一节　外交政策

一、独立自主的和平外交政策

中国外交政策的宗旨是维护世界和平、促进共同发展。因此，中国坚定不移地奉行独立自主的和平外交政策，积极推动建立公正合理的国际秩序，尊重世界的多样性，实行全方位的对外开放政策。中国政府多次公开宣示，中国反对各种形式的霸权主义和强权政治，不干涉别国内政，永远不称霸，永远不搞扩张。

独立自主的和平外交政策，其主要内容包括：

第一，中国始终奉行独立自主的原则。对于一切国际事务，都从中国人民和世界人民的根本利益出发，决定自己的立场和政策，不屈从于任何外来压力。中国不同任何大国或国家集团结盟，不进行军事扩张。

第二，中国反对霸权主义，维护世界和平。主张国与国之间一律平等，通过协商，和平解决纠纷和争端，不使用武力，不以任何借口干涉他国内政。中国从不把自己的社会制度和意识形态强加于人，也决不允许别国把他们的社会制度和意识形态强加于中国。

第三，中国积极推动建立公正合理的国际政治经济新秩序。和平共处五项原则反映了世界各国人民的普遍愿望和共同利益，应该成为建立国际政治经济新秩序的基础。

第四，中国愿意在互相尊重主权和领土完整、互不侵犯、互不干涉内政、平等互利、和平共处五项原则的基础上，同所有国家建立和发展友好合作关系。积极发展同周边国家的睦邻友好关系，加强同广大发展中国家的团结与合作，重视发展同发达国家的关系。

第五，中国实行全方位的对外开放政策，愿意在平等互利原则的基础上，同世界各国和地区广泛开展贸易往来、经济技术合作和科学文化交流，促进共同繁荣。

第六，中国积极参与多边外交活动，是维护世界和平和地区稳定的坚定力量，坚决反对一切形式的恐怖主义。作为联合国安理会的常任理事国，中国多次派出维和人员参与维和行动；中国积极致力于推进国际军控、裁军与防扩散事业，一贯严格履行所承担的国际义务；中国政府一向重视人权，已加入了包括《经济、社会及文化权利国际公约》在内的18项人权公约；中国愿与国际社会加强合作，共同应对人类发展面临的环境恶化、资源匮乏、贫困失业、疾病流行、国际犯罪活动猖獗等全球性问题。

目前中国共有10支维和分队、1500余人部署在4个联合国任务区，是联合国安理会常任理事国中派出维和部队最多的国家。

图 8-1　中国赴刚果（金）维和部队士兵

二、和平共处五项原则

1953年12月，周恩来在接见印度代表团时，提出互相尊重主权和领土完整、互不侵犯、互不干涉内政、平等互利、和平共处五项原则，这不仅是中印两国关系的行为准则，也逐渐广泛应用到国际关系中。

和平共处五项原则提出后，获得世界上越来越多国家的赞同，成为解决国与国之间关系的基本原则。和平共处五项原则的提出，是中国独立自主外交政策的完整体现，标志着中国外交政策的成熟，成为中国外交政策的基础。

和平共处五项原则是一个相互联系、不可分割的整体。互相尊重主权和领土完整、互不侵犯、互不干涉内政是处理各国政治关系的最基本准则。平等互利是各国经济、贸易交流的基本原则。和平共处是最终目标。

中国革命、建设、改革的成就是同世界人民的支持分不开的。中国的前途是同世界的前途紧密地联系在一起的。几十年来，和平共处五项原则在促进世界和平与国际友好合作方面发挥了巨大作用。在和平共处五项原则的指导下，中国与绝大多数邻国解决了历史遗留的边界问题，与世界上大多数国家建立了外交关系。

第二节　对外关系

对外关系是一个国家在国际上存在、立足和发展的重要条件。截止到2017年6月，中国已与世界上175个国家建立了外交关系，与220多个国家和地区开展了经济、文化交流。

一、周边外交

积极发展同周边国家的睦邻友好关系，是中国外交政策的重要组成部分。中国周边外交的方针是“与邻为善、以邻为伴”，维护国家主权、安全、发展利益，努力使周边国家同中国的政治关系更加友好，经济纽带更加牢固，安全合作更加深化，人文联系更加紧密。中国周边外交的战略目标，具体包括：

第一，维护周边和平稳定大局，维护和用好中国发展的重要战略机遇期。

第二，深化互利共赢格局，积极参与区域经济合作，建设好“一带一路”，构建区域经济一体化新格局。

“一带一路”是指丝绸之路经济带和21世纪海上丝绸之路。

第三，坚持互信、互利、平等、协作的“新安全观”，推进同周边国家的安全合作，探讨“周边安全共同体”；坚持优先通过对话协商解决争端；承担力所能及的“大国责任”。

第四，加强对周边国家的宣传工作、公共外交、民间外交、人文交流，广交朋友，广结善缘。

中国有陆上邻国14个、海上邻国8个（朝鲜和越南既是陆上邻国，也是海上邻国）。在中国和某些邻国之间，存在着一些历史遗留下来的边界问题，中国主张通过和平谈判方式友好解决，反对使用武力。

中国边界问题的解决集中在两个时期，一个是在20世纪60年代，一个是在20世纪90年代。1960年10月，中缅双方经过四年的谈判，正式签订了边界条约，这是中华人民共和国与周边邻国签订的第一个边界条约，是在和平共处五项原则的指导下，通过和平方式解决边界问题的一个范例。截至目前，中国已同俄罗斯、蒙古、朝鲜、哈萨克斯坦、吉尔吉斯斯坦、越南等国签订了边界协定。在南沙群岛的主权问题上，中国从稳定大局出发，提出“主权属我、搁置争议、共同开发”的主张。

巩固和发展与东南亚各国的友好合作关系是中国外交的重要组成部分。1991年9月，中国同文莱建交，标志着中国同东南亚所有国家的关系都实现了正常化。从1991年开始，中国外交部长每年都作为特邀贵宾出席东盟外长会议，中国的国家主席和国务院总理也先后出席过东盟与中国领导人会议。2003年，中国作为首个非东盟国家加入《东南亚友好合作条约》。

中国和印度作为世界上最大的两个发展中国家，在政治、经济、军事、科技、教育等方面的交流与合作不断取得发展；中国和巴基斯坦的关系十分友好，成为不同社会制度国家合作的典范；中国同尼泊尔、孟加拉国、斯里兰卡等国家的关系也一直保持着良好的发展。

2001年6月，中国、俄罗斯、哈萨克斯坦、吉尔吉斯斯坦、塔吉克斯坦和乌兹别克斯坦六国元首在上海共同宣布成立“上海合作组织”，成为维护地区稳定、促进共同发展的重要力量。

二、同发展中国家的关系

中国作为发展中国家的一员，很重视同这一国家群体的关系，加强同广大发展中国家的团结与合作是中国外交政策的基本立足点。

中国同广大发展中国家互相尊重，互相支持，团结合作，共同发展。在发展中国家争取民族独立的斗争中，中国给予了大力支持；在他们取得民族独立后，中国又努力发展同他们的友好关系，在国际事务中支持其正义主张，并一起提出了国际关系中应遵循的原则。

在政治上，中国维护广大发展中国家的权益，积极主张南北对话，努力推动改善南北关系。中国和发展中国家处于平等地位，决不谋求霸权，也不把自己的意志和价值观强加于人。此外，中国还同有关国家成立了中非论坛、中阿论坛等，进一步加强同这些国家的关系。

发展中国家多在南半球，发达国家多在北半球，因此两者之间的谈判被称为“南北对话”。

在经济上，中国除继续向一些发展中国家提供力所能及的援助外，还努力按照“平等互利、讲求实效、形式多样、共同发展”四项原则，扩大同他们的互利合作。中国在这些国家的投资涉及交通、能源、通信等多个领域，同发展中国家的经济合作已提升到一个新水平。

中国国家元首和政府首脑访问了许多发展中国家，中国政府主办、参与、出席了一系列发展中国家的重要会议，得到了国际社会的积极评价。

三、大国责任与大国关系

中国主张国与国之间应超越社会制度和意识形态的差异，相互尊重，求同存异，应在平等与相互尊重的基础上进行对话，妥善解决分歧。建立新型大国关系，已经上升到中国国家对外战略的高度。

（一）中美关系

1949年中华人民共和国宣告成立，在随后的20余年里中美关系中断。

1971年4月，毛泽东亲自批准了邀请美国乒乓球代表团访华的报告，以此表示中国同美国交往的诚意，也由此打开了隔绝22年之久的中美交往的大门。这就是具有历史意义的“乒乓外交”“小球转动了大球”，“乒乓外交”推动了世界形势的发展。

1971年7月9日至11日，基辛格秘密访华，周恩来同其进行会谈，为中美关系打开了一个新的篇章。经过中美双方的频繁磋商和精心设计，1972年2月21日，尼克松总统访华，期间发表“上海公报”，双方就台湾问题阐明了自己的立场和态度，美方承认“台湾是中国的一部分”，“确认从台湾撤走全部美国武装力量和军事设施的最终目标”，这标志着中美两国间22年的敌对关系结束。

1978年12月16日，中美双方发表了《中华人民共和国和美利坚合众国关于建立外交关系的联合公报》(《中美建交公报》)，美国承认只有一个中国，中华人民共和国政府是中国的唯一合法政府。1979 年 1 月 1 日，中美两国正式建立大使级外交关系，美国宣布断绝同台湾的所谓“外交关系”。中美两国关系的和解推动了中国与一大批国家关系的正常化。

1979 年 1 月，中国领导人邓小平访美，揭开了中美关系史的新篇章。1982 年 8 月 17 日，两国政府发表“八一七公报”，美方承诺“准备逐步减少它对台湾的武器出售，并经过一段时间导致最后解决”。

中美三个联合公报——“上海公报”、《中美建交公报》和“八一七公报”，成为中美关系发展的指导性文件。

几十年来，中国政府和美国始终保持着密切往来和对话，不断加强合作，增进了解和信任。双方建立了战略与经济对话、人文交流高层磋商等90多个对话沟通机制，建立了220多对友好省州和友好城市，未来两国有着广泛的合作空间。中美构建不冲突不对抗、相互尊重、合作共赢的新型大国关系，符合双方的共同和长远利益，也顺应世界发展变化的潮流。

（二）中俄关系

1949 年 10 月 1 日，中华人民共和国宣告成立。10 月 2 日晚，苏联政府表示决定同中华人民共和国建立外交关系，互派大使，并宣布断绝与国民党政府的外交关系。10 月 3 日，中苏正式建交。苏联成为第一个承认中华人民共和国并与中华人民共和国互派大使的国家。

图 8-2　毛泽东接受苏联驻华大使递交国书（1949）

苏联解体后，1991 年 12 月 27 日，中国和俄罗斯在莫斯科签署《会谈纪要》，解决了两国关系的继承问题。中俄 1996 年建立战略协作伙伴关系，2001 年签署《中俄睦邻友好合作条约》，2011 年建立平等信任、相互支持、共同繁荣、世代友好的全面战略协作伙伴关系，2014 年中俄全面战略协作伙伴关系进入新阶段。

近年来，中国和俄罗斯在文化、科技与教育等领域的合作不断加强，在国际事务中的协作更加有效。中俄两国间存在着历史遗留的边界问题，双方根据公认的国际法准则，本着平等协商、互谅互让的精神，彻底解决了剩余边界问题。2013 年至 2017 年 5 年间，中俄两国元首在各种场合会晤 20 余次，频繁的互动、深厚的友谊，引领两国关系进入历史最好时期。中俄关系的发展已经成为构建新型国际关系的成功典范。

中俄关系在相互信任、相互支持的基础上，建立了成熟、稳定的全面战略协作伙伴关系。双方在涉及国家主权、安全、领土完整、发展等核心利益问题上相互坚定支持；积极开展两国发展战略对接和“一带一路”建设同欧亚经济联盟对接；两国人文交流蓬勃发展，人民的了解与友谊不断加深；中俄在国际和地区事务中保持密切战略协作，有力维护了地区及世界的和平稳定。

（三）中国与欧盟的关系

1975 年 5 月 6 日，中国与欧洲经济共同体（欧盟前身）建立外交关系。1983 年 11 月 1 日，中国与欧洲共同体正式宣布全面建交。1998—2003 年，中国与欧盟先后建立建设性伙伴关系、全面伙伴关系、全面战略伙伴关系。2013 年，双方发表《中欧合作 2020 战略规划》。2014 年，双方提出打造和平、增长、改革、文明四大伙伴关系。

欧盟是中国最大贸易伙伴、最大进口来源地、第二大出口市场。中国是欧盟第二大贸易伙伴、第一大进口来源地、第二大出口市场。据统计，2016 年中欧双边贸易额 5470 亿美元，截至 2017 年 3 月欧盟在华累计直接投资 1146 亿美元，中国对欧盟累计直接投资 733 亿美元。

经过双方几十年来的不懈努力，中国与欧盟形成了全方位、宽领域、多层次的合作局面，已建立 70 多个磋商和对话机制，涵盖了政治、经贸、文化、科技、能源、环境等领域。建立于 1998 年的中国欧盟领导人年度会晤机制，是双方最高级别的政治对话机制。

中国始终把欧洲作为多极化进程中的重要一极，中国同欧洲各国关系呈现竞相发展、相互促进的新态势。

第三节 重返联合国、“一带一路”与二十国集团杭州峰会

1949 年 10 月 1 日，中华人民共和国成立。从这一天开始，在秉承独立自主和平共处五项原则的基础上，中国在国际事务中发挥着越来越重要的作用。尤其是 2013 年以来，习近平在诸多重大国内外场合全面、深入阐述中国特色大国外交系列理念：中国梦、新型国际关系、人类命运共同体、正确义利观、亚洲安全观、国际发展观等，为新时期中国外交确立了行动指南，开创了中国外交的新特色。

一、重返联合国

1971 年 10 月 25 日，第 26 届联合国大会以 76 票赞成、35 票反对、17 票弃权的压倒性多数通过 2758 号决议：恢复中华人民共和国在联合国的一切合法权利，承认中华人民共和国政府的代表是中国在联合国组织的唯一合法代表。这是一个具有历史意义的时刻，是一个值得中国人民自豪的时刻。从此，中华人民共和国的五星红旗开始飘扬在联合国大厦前的广场上。

图 8-3　第 26 届联合国大会上的中国代表

1971 年 11 月 15 日，中华人民共和国代表团首次出席联合国大会。11 月 23 日，中国作为安理会常任理事国出席安理会会议。中国在联合国和安理会的合法席位的恢复，是中国在外交战线上取得的重大胜利。从此，中国在联合国组织内为实现《联合国宪章》的宗旨、维护世界和平、加强各国友好合作、促进人类进步事业做出了自己不懈的努力。

二、“一带一路”

“一带一路”贯穿亚欧非大陆，一头是活跃的东亚经济圈，一头是发达的欧洲经济圈，中间广大腹地国家经济发展潜力巨大。丝绸之路经济带重点畅通中国经中亚、俄罗斯至欧洲（波罗的海），中国经中亚、西亚至波斯湾、地中海，中国至东南亚、南亚、印度洋。21世纪海上丝绸之路重点方向是从中国沿海港口过南海到印度洋，延伸至欧洲，从中国沿海港口过南海到南太平洋。

“一带一路”借用古代丝绸之路的历史符号，充分依靠中国与有关国家既有的、行之有效的区域合作平台，积极发展与沿线国家的经济合作伙伴关系，共同打造政治互信、经济融合、文化包容的利益共同体、命运共同体和责任共同体。中国政府积极推动“一带一路”建设，通过产业投资、资源开发、经贸合作、金融合作、人文交流，与沿线国家分享中国发展的机遇，实现互利共赢。

“一带一路”秉持共商、共建、共享原则，标志着中国从一个国际体系的参与者快速转向公共产品的提供者。目前已经有70多个国家和国际组织表达了合作意愿，30多个国家同中国签署了共建“一带一路”合作协议。2017年5月，第一届“一带一路”国际合作高峰论坛在北京举行。

图 8-4 “一带一路”国际合作高峰论坛（2017）

三、二十国集团杭州峰会

二十国集团（G20）由七国集团财长会议于 1999 年倡议成立。二十国集团成员涵盖面广，代表性强，其构成兼顾了发达国家和发展中国家以及不同地域利益平衡，人口占全球的 2/3，国土面积占全球的 60%，国内生产总值占全球的 85%，贸易额占全球的 80%。

2016 年 9 月 4 日—5 日在中国杭州举办了二十国集团领导人第 11 次峰会，峰会主题为“构建创新、活力、联动、包容的世界经济”，二十国集团成员、嘉宾国领导人以及有关国际组织负责人应邀与会，中国国家主席习近平出席并主持会议。峰会发表了《二十国集团领导人杭州峰会公报》和 28 份核心成果文件。

杭州峰会的成果主要体现在以下几方面：

第一，体现了共迎挑战的伙伴关系精神。峰会公报强调，“二十国集团建立更紧密伙伴关系，携手行动，将为世界经济增长传递信心”，展现出同舟共济、共渡难关的信心。

第二，明确了世界经济的前进方向。二十国集团成员共同制定了创新增长蓝图，以及创新、新工业革命、数字经济三大行动计划。还强调要通过结构性改革，提高世界经济活力。

第三，制定了一系列务实的行动计划。在发展领域，峰会制定了《二十国集团落实2030年可持续发展议程行动计划》；在贸易投资领域，峰会制定了《二十国集团全球贸易增长战略》和《二十国集团全球投资指导原则》；在就业、金融、能源等多个领域，也制定了多个行动计划。

第四，展现了各国谋求共同发展的决心。二十国集团杭州峰会第一次把发展问题置于全球宏观政策框架的突出位置，第一次制定落实联合国2030年可持续发展议程行动计划，第一次采取集体行动支持非洲和最不发达国家工业化。这充分表明二十国集团属于全世界，特别是广大发展中国家和人民。

总之，二十国集团杭州峰会成果数量多，分量重，在深度和广度上都取得了重大突破，是全球最受瞩目的经济盛会，也是2016年中国最重要的主场外交。

人类命运共同体理念的提出，开辟了中国外交的新方向。新时代的中国特色大国外交将致力于构建人类命运共同体，推动建设相互尊重、公平正义、合作共赢的新型国际关系和持久和平、普遍安全、共同繁荣、清洁美丽的世界。

思考与练习

一、填空

1. 中国外交政策的宗旨是________、________。
2. 1978年12月16日，中美两国发表了《________》，随后两国正式建立大使级外交关系。
3. “一带一路”即“丝绸之路经济带”和“________”。

二、选择

1. 1960年10月，中华人民共和国与________签订了第一个边界条约。

   A. 蒙古　　B. 俄罗斯　　C. 缅甸　　D. 印度
2. 目前，________是中国最大的贸易伙伴。

   A. 俄罗斯　　B. 美国　　C. 欧盟　　D. 日本
3. 2016年9月4日—5日，二十国集团领导人第11次峰会在中国________召开。

   A. 北京　　B. 杭州　　C. 上海　　D. 厦门

三、简答

1. 和平共处五项原则的具体内容包括什么？
2. 请简要论述中国特色大国外交的内容。

第九章

中国的科技

中国古代的科学技术在很长一段时期都居于世界领先地位，为世界文明的发展做出了巨大贡献。中华人民共和国成立以后，中国的科技取得了一系列成就。近年来，中国科技发展迅速，中国已成为具有一定科技实力的国家。

第一节　古代科技

中国古代科技源于生活，而生活需要各种实用技术。中国古代的陶瓷、纺织、冶铸、建筑以及天文历法等都带有鲜明的实用性特点。

一、“四大发明”

“四大发明”是指造纸术、火药、指南针和印刷术。

造纸术　纸张是保存和传播人类文明信息的重要载体，在造纸术发明之前，中国人把文字写在龟甲、兽骨、金石、竹简上。这些物品虽然能记录文字，但用起来都很不方便，比如因为竹简太重，一本书需要用一辆车甚至几辆车运送。战国时的大学者惠施出门往往带着五车竹简著作，成语“学富五车”就是这么来的。后来，人们又用帛制成一种纸，但是这种材料太贵，一般人用不起。公元 105 年，东汉人蔡伦经过长期实验，改进了造纸的方法，用麻头、破布、树皮等原料造纸，获得成功。这种纸轻薄好用，原料来源又多，所以很受人们的欢迎。

图 9-1　竹简

造纸术经阿拉伯传入欧洲，廉价的纸张很快取代了欧洲长期使用的书写材料——羊皮和小牛皮，促进了欧洲文化的发展。

火药　火药是中国古代方士在炼丹过程中发明的，后来人们根据丹药的配方制成了火药。唐朝末年，出现了火枪等兵器。到了北宋，火药已经在军事上大量使用了。火药发明后，很快被用在其他领域，比如节日时燃放的烟花爆竹就是用火药制成的。另外，今天火药也广泛用于开山、修路等的爆破方面。

中国古代方士将朱砂等药物放入炉火中烧炼，想制成“长生不老”的丹药。

14 世纪初，火药由阿拉伯传入欧洲。

指南针　指南针是一种指示方向的工具。早在战国时期，人们就发现磁石具有指示南北的特性，并且根据这种特性制成了指示方向的仪器——司南。后来，人们对司南进行改良，发明了指南针。指南针的发明，给航海业带来了划时代的影响，无论是中国郑和下西洋，还是欧洲航海家的环球航行，都与指南针的发明密切相关。此外，指南针还被用于测量、旅行、军事等方面。

13 世纪，指南针传入欧洲，在地理大发现中起了重要作用。

印刷术　在印刷术发明之前，书籍只能用手抄写。公元 4 世纪，人们学会了用纸在石碑上拓印的方法。到了唐代，发明了雕版印刷。雕版印刷技艺是运用刀具在木板上雕刻文字或图案，再用墨、纸、绢等材料刷印、装订成书籍的一种特殊技艺，迄今已有 1300 多年的历史。北宋时，毕昇发明了活字印刷术，这种印刷方法具有一字多用、重复使用、省时省力、节约材料等优点，比雕版印刷更加经济方便，是印刷技术史上的一次质的飞跃，对后世的印刷术产生了巨大而深远的影响。

13 世纪中期，活字印刷术传到朝鲜，以后又从西域传到欧洲。

二、蚕桑丝织技艺

中国劳动人民首先发明并大规模生产和使用丝绸，中国蚕桑丝织包括绫绢、丝绵、蜀锦、宋锦等织造技艺。蚕桑丝织是中华民族认同的文化标识，五千年来，它对中国历史做出了重大贡献，并通过丝绸之路对人类文明产生了深远影响。丝绸制品更是开启了世界上第一次东西方大规模的商贸交流，史称“丝绸之路”。

2009 年 9 月 30 日，中国蚕桑丝织技艺入选人类非物质文化遗产代表作名录。

图 9-2　中国蚕桑丝织技艺

三、数学

中国古代数学以计算为主，取得了十分辉煌的成就，其中十进位值制记数法、九九乘法口诀和珠算在世界数学史上占有重要的地位。

中国是世界上最早使用十进位值制计数法的国家。商代甲骨文、金文中已经有了系统的个位、十位、百位，乃至万位的自然数字。大约成于汉代的《九章算数》，采用了十进位值制计数法，汇集了许多算数命题。这些命题的解法采用了当时世界上最先进的运算方法，标志着中国古代以计算为中心的数学形成了完整的体系，在世界数学史上占有重要地位。

乘法口诀是中国古代筹算中进行乘法、除法、开方等运算的基本计算规则，沿用至今已有两千多年。古时的乘法口诀，是自上而下，从“九九八十一”开始，到“一一得一”为止，与现在使用的顺序相反，因此古人用乘法口诀开始的两个字“九九”作为此口诀的名称，又称九九表、九九歌、九九乘法表。

珠算是以算盘为工具进行数字计算的一种方法。大约在元代中叶，中国开始出现珠算。明代以来，珠算极为盛行，先后传到日本、朝鲜和东南亚各国，近年在美洲也逐渐流行。算盘不但是一种极简便的计算工具，而且具有独特的教育功能，所以到现在仍然盛行不衰。

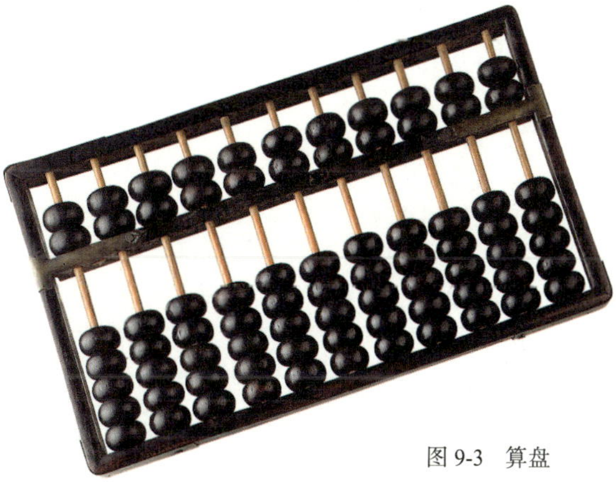
图 9-3　算盘

四、天文学

中国古代天文学的成就主要包括三个方面：天象记录、编订历法和仪器制作。

天象记录 中国早在夏代就有天文现象的记录，在《夏书》中有关于日食的记录，这是世界上最早的日食记录。商朝甲骨文中多次记载了日食和月食，并且已经有鸟星和火星的名称。春秋时期，有了世界上首次关于哈雷彗星的确切记录。战国时期，出现了世界上最早的天文学著作《甘石星经》。西汉时期，有了世界上关于太阳黑子的最早记录。

编订历法 历法是中国古代天文学的重要内容，它不仅包括年、月、日、时、节气的安排，还包括行星运动、恒星出没、天空分区等内容。因此，中国古代历法有现今天文年历的性质。相传在夏朝已有历法，所以今天还把农历称为夏历。南北朝时期，祖冲之制定《大明历》，确定 1 回归年为 365.24281481 天，这是一部精确度很高的历法。唐朝天文学家僧一行制定《大衍历》，比较系统、周密地反映了太阳运行的规律，标志着中国古代历法体系的成熟。元代天文学家郭守敬主持编定《授时历》，一年的周期与现行公历基本相同，但比现行公历早将近 300 年。

仪器制作 天文仪器是观测天体、演示天象的工具，中国古人很早就制作出圭表、日晷、漏刻等仪器测量时间，制作浑仪、浑象等观测太阳、月亮和星星的位置及运行规律。东汉时代，地震比较频繁，科学家张衡为了掌握全国地震动态，经过长年研究，终于在公元 132 年发明了候风地动仪。地动仪有八个方位，每个方位上都有口含龙珠的龙头，在每条龙头的下方都有一只蟾蜍与其对应；任何一方如果有地震发生，此方向龙口所含铜珠就落入蟾蜍口中，由此便可测出发生地震的方向。

五、二十四节气

二十四节气，是根据地球在绕太阳公转轨道上的位置变化而制定的，是中国历法的独特创造。它综合了天文学、气象学以及农学等多方面知识，比较准确地反映了一年中的自然特征。二十四节气反映天气气候和物候变化，指导着传统农业生产和日常生活，几千年来影响着千家万户的衣、食、住、行，至今仍然被广泛使用。

二十四节气包括表示寒来暑往变化的立春、春分、立夏、夏至、立秋、秋分、立冬、冬至，表示温度变化的小暑、大暑、处暑、小寒、大寒，反映降水量变化的雨水、谷雨、白露、寒露、霜降、小雪、大雪，反映农事活动的惊蛰、清明、小满、芒种。

2016年11月30日，中国申报的“二十四节气——中国人通过观察太阳周年运动而形成的时间知识体系及其实践”被列入人类非物质文化遗产代表作名录。

第二节　现代科技

随着中国综合实力的不断提升，近年来，中国科技水平与世界先进水平的整体差距明显缩小，在信息、生命、物质等科学领域涌现出一大批重大原创成果。

第一，基础研究的国际影响力大幅提升。

量子信息处理技术，是推动高速信息处理的颠覆性技术。在量子计算领域，人类所能操控的量子比特数量，决定着量子信息处理技术的高度。此前，科学家所能操控的纠缠态比特数仅在10个左右，而未来实用化的量子计算需要同时操控几十个，乃至上百个处于纠缠态的量子比特。如何产生、操控和探测大量量子比特的纠缠态，是未来量子计算突破的关键。2016年8月18日，中国科学家首次成功操控约600对量子比特。

人脑是如何工作的？如果大脑生病了，如何能做到快速定位病灶、精准治疗？要想清楚认识人脑，必须有一个脑图谱，为复杂的脑部研究和治疗“导航”。2016年，中国科学家首次实现精准定位高分辨全脑连接图谱，这种建立在宏观尺度上的活体全脑连接图谱，将为实现脑科学和脑疾病研究的源头创新提供基础。

中国还建成了探秘宇宙的世界最大单口径射电望远镜FAST、解决人类清洁能源问题的“人造太阳”核聚变装置、在岩层深处的大亚湾中微子实验室、被称为“诺亚方舟”的中国西南野生生物种质资源库等世界一流的大科学工程。

第二，战略高技术持续突破。

在深空领域，“神舟十一号”载人飞船与“天宫二号”空间实验室成功交会对接，航天员实现中期驻留；首艘货运飞船“天舟一号”与“天宫二号”对接成功；“悟空”暗物质粒子探测卫星在轨运行一年，太空科学探索迈出新步伐。

在深海领域，“蛟龙号”载人深潜器是中国首台自主设计、自主集成研制的作业型深海载人潜水器，设计最大下潜深度为7000米，是目前世界上下潜能力最深的作业型载人潜水器，可在占世界海洋面积99.8%的广阔海域中使用。此外，中国成为第三个研制出万米级无人潜水器的国家，"海斗号"无人潜水器最大潜深达10767米。2017年5月18日，中国取得了海域天然气水合物试采成功，这对推动能源生产和消费革命具有重要而深远的影响。

在深地领域，陆地资源探测开发技术向深部进军，形成2000米深地固体资源探测、5000米深层油气资源探测技术能力。

在计算机领域，2016年11月17日，中国首次获得国际高性能计算应用领域最高奖——戈登贝尔奖。由中国自主研制的"神威·太湖之光"成为全球运行速度最快的超级计算机之一。

图 9-4 "蛟龙号"

在卫星导航与位置服务领域，为解决卫星导航服务到手机用户的问题，中国推动实施的“羲和系统”可将卫星导航信号服务拓展到室外和室内，极大扩充了导航应用的范围和深度。通过“羲和系统”引导，可以在地下停车场快速找到合适的停车位，可以在小区里方便地找到朋友家。目前，“羲和系统”实现了米级广域室内外无缝精确定位，已在中国 40 多个城市应用。

> “米级广域”指的是寻找的目标误差不超过一米。

在大飞机领域，中国产 C919 大型客机首飞成功，首款大型运输机运 –20 正式列装。

核技术 核技术在中国应用非常广泛，民用非动力核技术，如同位素与辐射技术等，在工业、农业和医学等领域都得到广泛的应用。1991 年，中国自己设计建造的第一座核电站——秦山核电站并网发电成功，结束了中国无核电的历史，中国成为世界上第七个能独立研制建造核电站的国家。目前，中国在核电安全方面位居世界前列。

在核动力技术方面，1964 年，中国第一颗原子弹装置爆炸成功，这是中国成功进行的第一次核试验。1967 年，中国第一颗氢弹爆炸试验成功。

生命科学 1965 年，中国首次人工合成了结晶牛胰岛素，成为第一个合成蛋白质的国家。1988 年 3 月 10 日 8 点 56 分，中国大陆首例试管婴儿在北京诞生，这是中国大陆现代医学技术的一次重大突破。

1998 年，中国成功研制出了基因重组人胰岛素并投放市场，成为世界上第三个能够生产销售基因重组人胰岛素的国家。

激光照排 1981年，王选教授带领课题研究小组，主持研制成功了中国第一台计算机汉字激光照排系统原理性样机。1993年，他们又研制出了彩色出版系统，使中国从落后的铅字排版跨进了最先进的技术领域，使印刷行业的效率提高了几十倍。

基因组研究 1990年，人类基因组计划正式启动，这是一项规模宏大、跨国跨学科的科学探索工程；其宗旨在于测定人类染色体中所包含的30亿个碱基对组成的核苷酸系列，从而绘制人类基因组图谱，并且辨识其载有的基因及其序列，达到破译人类遗传信息的最终目的。中国作为参与国中唯一的发展中国家，在1999年承担了人类3号染色体短臂上的约3000多万个碱基对的测序任务。2001年，人类基因组计划中国部分“完成图”提前两年绘制成功，中国高效率、高质量地完成了所承担的测序任务。

杂交水稻 杂交水稻被认为是解决世界性饥饿问题的法宝，被誉为“第二次绿色革命”。国际上甚至把杂交稻当作中国继“四大发明”之后的第五大发明。袁隆平院士是世界上第一个成功利用水稻杂种优势的科学家，他被称为“杂交水稻之父”。杂交水稻研究的丰硕成果，使中国累计增加稻谷产量约6亿吨，在很大程度上解决了中国人的吃饭问题。

图 9-5 袁隆平

以上这些科技成就，推动了中国经济的发展和人民生活的改善，不但增强了中国的综合国力和国际竞争力，而且为世界科技发展做出了贡献。

第三节　中医药、信息技术与航空航天

一、中医药

中医是指以中国汉族劳动人民创造的传统医学为主的医学，所以也称汉医。中医以阴阳五行作为理论基础，将人体看成是气、形、神的统一体，通过“望、闻、问、切”诊断病情。中医还使用中药、针灸、推拿、按摩、拔罐、食疗等多种治疗手段，达到使病人康复的目的。《黄帝内经》是中医最重要的代表性著作，该著作奠定了中医学的基础，时至今日，与中国传统医学相关的理论、诊断法、治疗方法等，都可以在此书中找到根源。明代著名医药学家李时珍编写的《本草纲目》收集了 1892 种药物和 11096 个药方，是中国古代药物学和植物学巨著。

图 9-6　屠呦呦

中药来源主要是植物，也有一些动物和矿物。中医药凝聚了中国人几千年来防病治病和养生保健的智慧。中国的女药学家屠呦呦于 1972 年发现了青蒿素，青蒿素是从复合花序植物黄花蒿茎叶中提取的药物，对治疗疟疾有速效和低毒

的特点。青蒿素联合疗法挽救了众多患者的生命，是中国传统医药献给人类的一份礼物。2015 年 10 月 5 日，屠呦呦获得诺贝尔生理学或医学奖，她也是首位获得诺贝尔科学奖的中国女科学家。

针灸是针法和灸法的总称。针法是在中医理论的指导下把针具（通常指毫针）按照一定的角度刺入患者经络穴位，运用捻转与提插等针刺手法来对人体特定部位进行刺激从而达到治疗疾病的目的。灸法是以艾绒等在体表一定的穴位上烧灼、熏熨，利用热的刺激来预防和治疗疾病，通常以艾草最为常用，因此又称为艾灸。2010 年，中医针灸被列入人类非物质文化遗产代表作名录。

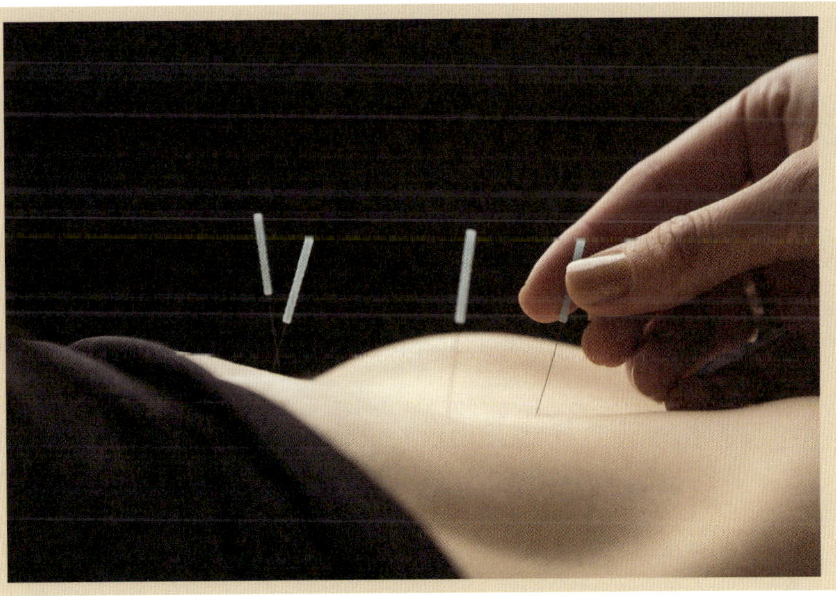

图 9-7　针灸

中国是个多民族的国家，藏医、蒙医、苗医等也是中华传统医药的重要组成部分，为各民族人民的健康做出了贡献。

二、信息技术

信息技术是用于管理和处理信息的各种技术的总称，主要包括传感技术、计算机与智能技术、通信技术和控制技术。中国的信息技术主要有如下特点：

（一）产业规模逐渐扩大

中国软件业收入增长速度惊人，同时，移动互联网、云计算、大数据等新兴信息产业发展迅速。

（二）电子信息产品智能化日趋明显

调查数据显示，国产智能手机、智能电视、智能手表、智能家居等新型智能化产品快速成长，航空、船舶、汽车及化工等主要行业大中型企业数字化设计普及率超过60%。

（三）信息技术在工业领域继续深度渗透和融合

智慧城市、智能交通、金融电子、医疗电子等引领性强的产品及信息系统发展迅速，为进一步加快推进国民经济与社会信息化建设提供了坚实的技术支撑。

三、航空航天

航空航天主要包括人造地球卫星、载人航天和探月工程等。

人造地球卫星 人造地球卫星是指环绕地球在空间轨道上运行的无人航天器，简称人造卫星。人造卫星可分为三大类：科学卫星、技术试验卫星和应用卫星。1970 年 4 月 24 日，中国成功发射了第一颗人造地球卫星——“东方红一号”。2015 年 12 月 29 日，中国的“高分四号”卫星成功发射，这是中国首颗地球同步轨道高分辨率光学成像卫星，也是目前世界上空间分辨率最高、幅宽最大的地球同步轨道遥感卫星。

载人航天 载人航天是人类驾驶和乘坐载人航天器在太空中从事各种探测、研究、试验、生产和军事应用的往返飞行活动。目前只有美国、中国和俄罗斯三国拥有自主载人航天能力。2003 年中国完成单人飞行载人航天任务，又分别于 2005 年、2008 年、2012 年、2013 年、2016 年完成“多人多天”的载人航天飞行任务。2016 年 11 月 18 日，“神舟十一号”飞船装载航天员顺利返回地球，此次航行历时 33 天，创造了中国航空员太空驻留的新纪录。

图 9-8 “神州五号”载人飞船发射成功

探月工程 自古以来，中国人就对月球充满想象和向往，并创造出“嫦娥奔月”的神话故事。2004年，中国正式开展月球探测工程，并把该工程命名为“嫦娥工程”。“嫦娥工程”分为“无人月球探测”“载人登月”和“建立月球基地”三个阶段。

“嫦娥一号”“嫦娥二号”分别于2007年10月24日和2010年10月1日成功发射升空，均圆满完成各项任务。2013年12月14日，“嫦娥三号”探测器实现月球表面软着陆。2016年4月24日，“嫦娥三号”和“玉兔”月球车首次公布迄今为止最清晰的月球表面全彩照片。2016年8月4日，“嫦娥三号”正式退役，它创造了全世界在月球上工作时间最长的纪录。

量子卫星 量子通信卫星是一种传输高效的通信卫星，是一种杜绝间谍窃听及破解的保密通信技术，能抗衡别国网络攻击与防御能力。

2016年8月17日，中国科学家发射世界首颗量子卫星——“墨子号”。“墨子号”通信卫星能覆盖到光纤无法覆盖的地区，如中国的南海诸岛、驻外使领馆、远洋舰艇等。“墨子号”从研制到发射都引起了社会上的广泛关注，得到了国际学术界的高度评价。2016年年底，“墨子号”入选知名学术期刊《自然》点评的年度国际重大科学事件。2017年6月16日，从中国“墨子号”量子卫星向地球发出两道光束，在世界上首次实现千千米量级的量子纠缠，这意味着量子通信向实用迈出一大步。

墨子是中国古代先秦时期著名的科学家，他在两千多年前就发现了光线沿直线传播，并设计了小孔成像实验，从而奠定了光通信、量子通信的基础。因此，中国把首颗量子科学实验卫星命名为“墨子号”。

图 9-9 “墨子号”量子科学实验卫星纪念邮票

思考与练习

一、填空

1. 中国古代影响世界的“四大发明”是指造纸术、火药、________和印刷术。

2. 首位获得诺贝尔科学奖的中国女科学家是________。

3. 2004 年，中国正式开展月球探测工程，并把这项工程命名为“________”。

4. 2016 年 8 月 17 日，中国科学家发射世界首颗量子卫星——“________”。

二、选择

1. 发明地动仪的张衡所生活的朝代是________。

A. 西汉　　B. 东汉　　C. 隋朝　　D. 唐朝

2. 明代著名医药学家________编写的《本草纲目》收集了 1892 种药物和 11096 个药方，是中国古代药物学和植物学巨著。

A. 孙思邈　　B. 扁鹊　　C. 华佗　　D. 李时珍

3. 被列入人类非物质文化遗产代表作名录的中医疗法是________。

A. 推拿　　B. 拔罐儿　　C. 针灸　　D. 刮痧

三、简答

1. 举例说明中国古代数学的成就。

2. 说说“杂交水稻”研究成功的意义。

第十章

中国的教育

作为一个有着五千多年历史的文明古国，中国自古就有重视教育的传统。古代儒家思想和科举制度对中国教育有很大影响，科教兴国战略把科技与教育放在优先发展的地位，当代国际交流与合作使中国教育向更深层次发展。中国教育不但在传承和发展中国文化方面起到了重要作用，而且还对世界文明的发展做出了巨大贡献。

第一节　教育历史

一、古代教育

庠（xiáng）、序都是中国古代的学校。

早在原始社会后期，中国就有了教育的萌芽。在4000多年前的夏代，中国就已经出现了学校教育的形态。据《孟子》一书记载，夏、商、周"设庠、序、学、校以教之"。书中不但记录了中国古代学校教育起源的情况，还记载了当时教育的内容和宗旨。在漫长的奴隶社会和封建社会时期，中国学校的名称、规模虽有变化，但教育的基本形式没有大的变化。儒学和科举制度对中国教育产生了重大影响。

中国古代教育主要存在两种类型的教育机构，即由政府直接兴办的官学和由私人兴办的私学。

官学　西周时期，官学教学内容以礼、乐为中心，还包括射、御、书、数，这六门课统称"六艺"。教师由政府官员担任，学生均为贵族子弟。自西汉汉武帝大力推崇儒家文化开始，以孔子为代表的儒家思想和经典成为中国封建社会教育的主要内容，孔子的"有教无类""因材施教""温故知新"等教育思想一直影响到现在。在中国古代，封建教育的主要目的是培养官吏。隋朝时，中国创立了科举制度，即通过设科考试选拔官吏，打破了以门第、出身为标准的人才选拔传统，使出身贫寒、无特殊背景的人有可能通过科举考试改变命运，得到施展才能的机会。但同时，科举制度加强了对知识分子思想和人格的限制，使后来的官学完全服从于科举制度，成了做官的阶梯。1905年，历时1300多年的科举制度被废除。

私学 私学教育是从春秋时期开始的，孔子首创私学，使平民受教育成为可能。诸子百家中私学影响最大的是儒家、墨家、道家和法家四大学派。自汉代以后，私学成为中国封建教育制度的重要组成部分，但由于私学属于民间，历来不受朝廷重视，因此，私学在古代社会的发展极其艰难。但在几千年的历史发展过程中，私学不但没有消亡，反而形成了具有相对独立性的教育系统。私学对官学产生了一定冲击，为教育带来一定的生机与活力，促进了古代教育的发展。

书院 书院是中国古代民间教育机构，多由官民合办，起源于唐

图10-1 孔子像

代，盛行于宋代。由于书院起自民间，其所处地位与私学颇为相似。它同私学一样，不属官办之列，具有很强的独立自主性；向下层社会开放，面向乡间；以平民子弟为培养和教育对象；主要是素质教育，不以科举仕进为办学目的。但是，书院与私学又有不同之处，它是一种有组织的、制度化的教育体制，在一定意义上说，它是官学与私学相结合的产物。书院以其浓厚的学习气氛吸引了大批学子，宋代的四大书院，至今仍享有盛名。书院教育作为中国古代教育的主要形式之一，对人才培养和学术发展起到了重要作用，使传统私学更加成熟和完善。

宋代的四大书院，即白鹿洞书院（江西庐山）、岳麓书院（湖南长沙）、应天府书院（河南商丘）、嵩阳书院（郑州登封）。

图 10-2　江西庐山白鹿洞书院

中国古代教育虽然有不同的类型，但其基本特征是相同的。第一，主要教育目标是培养官僚和御用文人，为统治阶级服务。第二，教育的核心内容是尊孔读经。几千年来，中国儒家文化思想一直是被统治阶级认可的正统思想，强调天道、神道与人道的结合。第三，主要教育对象是富贵阶层。贵族享有受教育的特权，平民很少有受教育的机会。第四，学校教育是教育的主要形态，主要教育方法是背诵与记忆。注重教师的讲解与灌输，学生缺乏创造性。

中国古代教育凝聚着中国古人的智慧，对中华民族文化的传播与民族精神的形成，起到了非常重要的作用。在数千年的中国古代教育史上，出现了许多杰出的教育家，如孔子、孟子、荀子、董仲舒、韩愈、朱熹、王夫之等。他们丰富的教育思想，不但为中国，也为世界教育史、文化史做出了巨大贡献。

二、近现代教育

1840 年鸦片战争后，中国进入了半殖民地半封建社会，封建教育没落，改革维新思潮活跃。受西方资本主义的影响，中国教育开始向世界近代教育转变。

中国现代意义的学校出现在 19 世纪 60 年代。1862 年，洋务派在北京创办第一所“洋学堂”——京师同文馆，它以培养外语翻译和外交人才为宗旨。1898 年，清政府创办京师大学堂（今北京大学），这是中国第一所国立大学，它的成立标志着中国近代高等教育的开端。之后，清政府陆续开设了一些新式学校，主要是外语学校、军事学校、技术学校等，同时还派遣年轻人到英、法等国学习军事和技术。

20世纪初，中国的新式学堂纷纷建立，如1901年创建的山东大学堂（今山东大学），是继京师大学堂之后中国创办的第二所国立大学，也是中国第一所按章程办学的大学，其办学宗旨是“为天下储人才，为国家图富强”。在创办新式学堂的同时，清政府还先后派遣青年学生和官员出国留学，民间也出现大量自费留学生，这对近现代中国新型知识分子群体的产生和形成，起到了十分重要的作用。

1912年，刚刚建立的中华民国对封建教育进行了全面改革，第一次完整提出德、智、体、美“四育平均发展”的教育方针。在新文化运动中，一些进步的知识分子和教育家，大力提倡和推动各种教育改革，如使用白话文、普及教育、大学实行学分制、改革教育管理体制等。当时，美国杜威等人的实用主义教育思想传到了中国，对学制、课程、教材、教学方法等的改革也起到了促进作用。

三、当代教育

1949年10月1日，中华人民共和国成立。自此，在和平与安定的社会环境中，教育开始了新的发展。中国政府高度重视教育事业，不但保障了人民受教育的基本权利，还通过积极发展不同类型和水平的学校，建立和完善新型教育系统。从1949年到1966年的17年间，中国建立起初具规模的学前教育、大中小学教育及成人教育系统，实行全日制教育、业余教育、工作时间内安排专门时间系统学习等教育形式，提高了人民受教育水平。

中国实行改革开放政策以来，教育事业加快了改革与发展的步伐。20世纪80年代中期，中国教育体制改革全面启动。国家制定了多项法律，从不同角度保障人人受教育的权利，其中特别强调少数民族、妇女、儿童和残疾人接受教育的权利。经过60多年的努力，中国的教育取得了长足的进步，形成了较为完善的教育保障机制。

20世纪90年代，“科教兴国”成为中国的基本国策，教育承担着提高国民素质、培养具有创新精神和创造能力人才的重要任务。1999年6月，中国政府决定以提高民族素质和创新能力为重点，深化教育体制和结构改革，全面推进素质教育，教育的功能从传播知识向全面提高受教育者的综合素质转变，坚持把普及九年制义务教育和扫除青壮年文盲作为教育工作的重中之重。“面向现代化、面向世界、面向未来”是中国教育发展的方向，也是进行教育改革和建设的指南。

21世纪以来，中国在改革中不断完善以学历教育为主的学校教育系统，健全以职业教育为主的学校教育系统，设置以文化生活教育为主的社会教育系统，在全国形成职前教育与职后教育相互沟通、正规教育与非正规教育并举、学历教育与非学历教育并重的终身教育网络，为不同年龄、不同职业的劳动者提供开放的、多样化的、社会化的受教育机会。近年来，教育向更深层次和更广范围发展，持续教育成为时尚，一次学习定终身的时代正逐步转变为终身学习时代。

图 10-3　2017 中国国际职业教育博览会一角

2015 年 10 月，国务院颁发《统筹推进世界一流大学和一流学科建设总体方案》，按照方案要求，“双一流”建设要坚持“以一流为目标，以学科为基础，以绩效为杠杆，以改革为动力”的基本原则，加快建成一批世界一流大学和一流学科。这是中国高等教育领域的又一项重大建设工程，旨在提升中国高等教育综合实力和国际竞争力，为实现“两个一百年”奋斗目标和实现中华民族伟大复兴的“中国梦”提供有力支撑。

第二节 教育现状

目前，中国的教育结构主要包括学前教育、义务教育、高中阶段教育、高等教育、成人教育培训与扫盲教育、特殊教育、民办教育。

学前教育 幼儿园教育是基础教育的重要组成部分，是学校教育制度的基础阶段。2015 年 12 月，教育部颁发第 39 号令，公布了《幼儿园工作规程》，明确规定，幼儿园是对 3 周岁以上学龄前幼儿实施保育和教育的机构。文件要求，要加强幼儿园的科学管理，规范办学行为，提高保育和教育质量，促进幼儿身心健康。幼儿园由当地政府或民间兴办，实行保育与教育相结合的原则，对幼儿实施德、智、体、美等方面全面发展的教育，保证幼儿身心和谐发展，并做好入学前的准备。

> 本节中截至 2016 年的统计数字均来自《2016 年全国教育事业发展统计公报》，且数字未包括中国香港特别行政区、澳门特别行政区和台湾省。

根据《2016 年全国教育事业发展统计公报》，2016 年，全国共有幼儿园 23.98 万所，在园儿童 4413.86 万人，幼儿园园长和教师 249.88 万人。

义务教育 根据宪法规定，义务教育是适龄儿童和青少年都必须接受的，国家、社会、家庭必须予以保证的国民教育，具有强制性、免费性、普及性的特点。1986 年，中国颁布《中华人民共和国义务教育法》，开始实行九年制义务教育。学制基本上以“六三制”为主，即小学阶段六年、初中阶段三年，多种学制并存。年满 6 周岁的儿童都可进入小学学习。

2015 年，国务院印发《关于进一步完善城乡义务教育经费保障机制的通知》，通知要求整合农村义务教育经费保障机制和城市义务教育奖补政策，建立城乡统一、重在农村的义务教育经费保障机制，逐步对城乡义务教育学生实施“两免一补”政策，即“免除学杂费、免费提供教科书和对家庭经济困难寄宿生补助生活费”。

2016 年，全国共有义务教育阶段学校 22.98 万所，在校生 1.42 亿人，专任教师 927.69 万人。

图 10-4　小学生在做课间操

高中阶段教育　高中阶段教育包括普通高中、普通中专、成人中专、职业高中、技工学校，是国民教育体系的重要环节。高中阶段教育是巩固义务教育成果、完善现代职业教育体系、增强高等教育发展的重要阶段。

按照2017年教育部等部门印发的《高中阶段教育普及攻坚计划（2017—2020）》，到2020年，中国将普及高中阶段教育，适应初中毕业生接受良好高中阶段教育的需求。全国毛入学率均达到90%以上，中西部贫困地区毛入学率显著提升；普通高中与中等职业教育结构更加合理，招生规模大体相当；学校办学条件明显改善，满足教育教学基本需要；经费投入机制更加健全，生均拨款制度全面建立；教育质量明显提升，办学特色更加鲜明，吸引力进一步增强。

2016年，全国高中阶段教育共有学校2.47万所，在校生3970.06万人，其中，普通高中教职工259.19万人，成人高中教职工3313人，中等职业教育教职工108.61万人。

高等教育　高等教育是指在完成中等教育的基础上进行的专业教育，是培养高级专门人才的社会活动。高等教育包括学历教育和非学

图10-5　大学实验室

历教育，一般采用全日制和非全日制教育形式。在高等学历教育中，又分为专科教育、本科教育和研究生教育。按照《中华人民共和国高等教育法》的规定，专科教育应当使学生掌握本专业必备的基础理论、专门知识，具有从事本专业实际工作的基本技能和初步能力。本科教育应当使学生比较系统地掌握本学科、专业必需的基础理论、基本知识，掌握本专业必要的基本技能方法和相关知识，具有从事本专业实际工作和研究工作的初步能力。硕士研究生教育应当使学生掌握本学科坚实的基础理论、系统的专业知识，掌握相应的技能、方法和相关知识，具有从事本专业实际工作和科学研究工作的能力。博士研究生教育应当使学生掌握本学科坚实宽广的基础理论、系统深入的专业知识、相应的技能和方法，具有独立从事本学科创造性科学研究工作和实际工作的能力。

2016 年，全国共有普通高等学校和成人高等学校 2880 所，在校生 3699 万人，其中，普通高等学校教职工 240.48 万人，成人高等学校教职工 4.31 万人。

成人教育培训与扫盲教育　成人教育有别于普通全日制教育，主要面向在职从业人员的学历提升、专业进修及普通教育后的教育进阶。成人教育又分学历教育和非学历教育，前者包括成人初等教育、成人中等专业教育、成人高中和成人高等教育，后者包括继续教育、职业资格证书教育、专业证书教育及岗位培训等。这个教育过程，可促使受教育者增长能力、丰富知识、提高技术和专业资格，更好地参与社会活动、经济建设与文化发展。

2016 年，全国职业技术培训机构 9.34 万所，教职工 45.08 万人，接受各种非学历高等教育的学生 862.83 万人次，接受各种非学历中等教育的学生 4462.69 万人次。

扫盲教育主要是指对不识字和识字少的人进行识字教育，使其具有初步的读、写、算能力。2016 年全国共扫除文盲 33.12 万人，另有 33.42 万人正在参加扫盲学习，全国扫盲教育教职工 1.57 万人。

特殊教育 特殊教育是指面向有特殊需求的群体，特别是少年儿童进行的旨在达到一般和特殊培养目标的教育，它的目的和任务是最大限度地满足社会的要求和特殊群体的教育需要，发展他们的潜能，使他们增长知识，获得技能，完善人格，增强社会适应能力，成为对社会有用的人才。

经过多年努力，中国基本形成了以特殊教育学校为骨干，以普通学校随班就读和附设特教班为主体，以送教上门和家庭、社区教育为补充的中国特殊教育发展格局。在特殊教育中，中国政府特别关注残疾儿童的教育。除特殊学校之外，中国有一多半的残疾学生在普通学校随班就读，随班就读不仅有利于残疾儿童在普通学校的环境中接受教育，更有利于他们获得适应社会的基本经验，帮助他们更好地融入社会。

2016 年，全国共有特殊教育学校 2080 所，在校生 49.17 万人，专任教师 5.32 万人。

民办教育 民办教育又称私立教育，是相对于公办教育、公立教育的教育形式，指国家机构以外的社会组织或者个人，利用非国家财政性经费，面向社会举办学校及其他教育机构的活动。

按照2016年11月新修订的《中华人民共和国民办教育促进法》，民办教育事业属于公益性事业，是社会主义教育事业的组成部分。国家对民办教育实行积极鼓励、大力支持、正确引导、依法管理的方针，各级人民政府应当将民办教育事业纳入国民经济和社会发展规划。该法规定，民办学校的举办者可以自主选择设立非营利性或者营利性民办学校，但是不得设立实施义务教育的营利性民办学校。非营利性民办学校的举办者不得取得办学收益，学校的办学结余全部用于办学。营利性民办学校的举办者可以取得办学收益，学校的办学结余依照公司法等有关法律、行政法规的规定处理。

在中国，民办教育承担着越来越多的教育任务，随着民办学校师资力量的逐渐雄厚，办学质量和办学层次逐年提高，吸引了越来越多的优质生源，同时也吸引了越来越多的民间资本投资其中。其中，近年来发展最快的是民办幼儿教育。

2016年，全国共有各级各类民办学校17.1万所，各类教育在校学生4825.47万人。此外，还有其他民办培训机构1.95万所，846.8万人次接受了培训。

按照《国家中长期教育改革和发展规划纲要（2010—2020）》，中国学前教育、义务教育、高中阶段教育等未来发展任务如下：到2020年，基本普及学前教育；巩固提高九年义务教育水平；普及高中阶段教育，毛入学率达到90%；高等教育大众化水平进一步提高，毛入学率达到40%；扫除青壮年文盲。新增劳动力平均受教育年限从12.4年提高到13.5年；主要劳动年龄人口平均受教育年限从9.5年提高到11.2年，其中受过高等教育的比例达到20%。

第三节　高考制度、教育扶贫与国际教育

中国地大物博，人口众多，教育资源配置相当复杂，促进教育公平和教育开放是教育工作的重中之重。高考制度与教育扶贫制度是典型的中国特色，其主要目的是为了人才选拔，促进教育公平，普遍提升国民素质，满足贫困地区的教育需要。在全球化背景下，促进国际教育发展可以更好地促进教育交流与对话。

一、高考制度

高考是普通高等学校招生全国统一考试的简称，是中国合格的高中毕业生和具有同等学力的考生参加的选拔性考试。1952 年，中国建立了全国统一高等学校招生制度，为国家培养出众多优秀的人才，为后来的国家发展奠定了基础。由于种种原因，高考制度被迫停止，直到 1977 年才再次恢复。2018 年，全国有 26 个省份选择统一命题。

在中国大部分地区，高考每年只举行一次，高考时间为每年 6 月 7 日—6 月 8 日（少数地区为每年 6 月 7 日—6 月 9 日）。现行主要的高考考试方案为“X+3”，其中，“3”指的是语文、数学、外语三门课，“X”指由学生根据自己的意愿，自主从文科综合（涵盖政治、历史、地理）和理科综合（涵盖物理、化学、生物）两个综合科目中选择一个考试科目。这是目前全国应用最广、最成熟、最被人们接受的方案。高考总分为 750 分（语文 150 分，数学 150 分，外语 150 分，文科综合／理科综合 300 分）。考试结束后考生根据自己的分数或预估的分数填报志愿，高校根据考生的分数及所填报的志愿进行网上录取。

图 10-6　学子备战高考

中国是一个教育大国，但教育资源分布不均，优质教育资源稀缺。这些都导致高考竞争激烈。在某种程度上，高考制度促进了教育公平，最大限度地实现了人才选拔的科学公正。1999 年，高校开始大规模扩招，当年招生 160 万人，同比增长 52 万人，增幅高达 48%，这是中国高等教育从精英教育走向大众教育的开始。2016 年，940 万人参加高考，772 万人被录取，录取率为 82%。

根据 2014 年 9 月《国务院关于深化考试招生制度改革的实施意见》，中国于 2014 年启动考试招生制度改革试点，2017 年全面推进，到 2020 年基本建立中国特色现代教育考试招生制度，形成分类考试、综合评价、多元录取的考试招生模式，健全促进公平、科学选才、监督有力的机制，构建衔接沟通各级各类教育、认可多种学习成果的终身学习“立交桥”。

二、教育扶贫

教育扶贫主要是指在贫困地区普及教育，保障受教育者接受教育的权利，全面改善贫困地区义务教育基本办学条件。扶贫首先要扶智，让贫困地区的孩子们接受良好教育，是扶贫开发的重要任务，也是阻断贫困代际传递的重要途径。教育扶贫的形式主要有以下几种：开办“教育扶贫班”；剩余劳动力转移培训与就业扶贫；为国家扶贫重点县建立现代远程教学站；实施教育扶贫工程；设立教育扶贫基金，为贫困学生提供必要而稳定的经济保障；捐献钱物；为学校提供各种资金；为在校学生提供奖、贷、勤、补、减的资助体系。

农村教育是中国教育改革和发展的重点。最新公布的农村教育数据显示，目前中国农村地区特别是老少边穷地区的教育发展还比较滞后。弥补教育“短板”，就得打破城乡、东西部教育资源分配不均的现状。首先要在观念和政策上向贫困地区倾斜，加强东西部教育资源交流。其次要加大对贫困地区的教育投入，吸引高端人才投身贫困地区教育事业。利用互联网为贫困地区的孩子提供平等、开放的远程教育平台，从而缩小城乡、东西部的教育资源差距。

根据《中华人民共和国义务教育法》，免费义务教育首先从农村做起，从中西部地区做起，在原来免除学费的基础上，再免除杂费。对贫困家庭的学生，还给予住宿津贴、困难补贴，并形成制度。为了提高农村学生，尤其是贫困地区和家庭经济困难学生的健康水平，中国政府从 2011 年秋季学期起，启动实施农村义务教育学生营养改善计划。中央财政为试点地区农村义务教育阶段学生提供营养膳食补助，试点范围包括 680 个县（市）、约 2600 万在校生，初步测算国家试点

图 10-7　乡村教师与小学生

每年需资金 160 多亿元，由中央财政负担。国家统筹农村中小学校舍改造，重点建设学生食堂，切实改善学生就餐条件。同时制定中小学食堂供餐规范，明确数量、质量和操作标准，并成立专家工作组，加强学校营养指导。2015 年，国务院办公厅印发了《乡村教师支持计划（2015—2020）》，全面部署乡村教师队伍建设工作，着力落实连片特困地区乡村教师生活补助政策，扩大实施待岗教师计划，全面提升乡村教师能力素质。

三、国际教育

1978 年以来，随着中国对外开放政策的实施，教育的国际合作与交流活动越来越频繁。2017 年中国出国留学人数首次突破 60 万大关，达 60.84 万人；留学回国人员人数为 48.09 万人。根据教育部的统计，出国留学人员已从改革开放之初以公派为主发展到现在以自费为主，低龄留学人员数量不断增加，出国留学逐渐从精英教育演变成大众化教育。

接受和培养外国留学生，是中国对外交流与合作的重要组成部分。2017 年，共有来自 204 个国家和地区的 48.92 万名外国留学生在中国高等院校学习，分布在 31 个省、自治区、直辖市的 829 所高等学校、科研院所和其他教学机构。中国成为世界最大留学生生源国和亚洲最大留学目的国。留学生类别包括语言生、学历生、研究学者及各种类型的短期学习班学员等。其中，来华攻读本科、研究生学历教育的学生数量呈逐年增长趋势。

2004 年，中国在借鉴英国、法国、德国、西班牙等国家推广本民族语言经验的基础上，开始探索在海外设立以教授汉语和传播中华文

图 10-8　美国托列多大学孔子学院学生体验中国茶文化

化为宗旨的非营利性教育机构——孔子学院。截至 2017 年 12 月，全球已有 146 个国家和地区设立了 525 所孔子学院和 1113 个孔子课堂，各类学员累计超过 900 万人。通过开展丰富多彩的汉语教学和文化活动，孔子学院已成为世界各国人民学习汉语、了解中华文化的平台，同时也为增进中国与各国人民友谊、促进中外文明交流互鉴做出了积极贡献。

截至 2017 年，由孔子学院总部 / 国家汉办举办的“汉语桥”系列中文比赛，吸引了 110 多个国家和地区的上百万名青少年参加，已成为人文交流领域的重要品牌活动，被誉为连接世界的“文化之桥、友谊之桥”。比赛激发了各国学生学习汉语的积极性，增进了世界对中国语言与中华文化的理解。

近年来，中国在教育的国际合作与交流方面，实施了一系列的新举措：一是搭建合作平台，促进中外人文交流；二是强化实质性合作，参与高校“双一流”建设；三是提质增效，提升教育国际合作与交流品质；四是推动学历学位互认；五是加强跨境教育质量保障国际合作；六是提升中外合作办学效益。

据统计，截至 2017 年 9 月，中国与 188 个国家和地区建立了教育合作与交流关系，与 46 个重要国际组织开展教育合作与交流，与 47 个国家和地区签署了学历学位互认协议，并先后与俄罗斯、美国、英国、欧盟、法国、印度尼西亚、南非、德国建立起 8 个高级别人文交流机制。经教育部审批设立的中外合作办学机构和项目已有 2593 个，其中本科及以上学历层次的机构和项目 1288 个。

目前，中国已基本形成全方位、多层次、宽领域的教育对外开放格局，在着力深化综合改革、推进双向留学、支持高水平示范性中外合作办学、谋划中外人文交流等方面取得了积极进展。中国教育国际化水平不断提高，教育的国际地位、影响力和竞争力不断提升。

思考与练习

一、填空

1. 中国古代教育主要存在两种类型的教育机构，即由政府直接兴办的官学和由私人兴办的________。

2. 作为中国古代一种独立的教育机构，________教育对人才培养和学术发展起到了重要作用，使传统私学更加成熟和完善。

二、选择

1. ________诞生于1898年，初名京师大学堂，这是中国第一所国立大学，它的成立标志着中国近代高等教育的开端。

A. 清华大学　　B. 北京大学　　C. 山东大学　　D. 北京师范大学

2.《中华人民共和国义务教育法》规定，中国义务教育一般为________年，凡年满6周岁的儿童都可以进入小学学习。

A. 七　　B. 八　　C. 九　　D. 十

3. 目前，中国留学逐渐从精英教育演变成________教育，出国留学人员已从改革开放之初以公派为主发展到现在以自费为主。

A. 公费　　B. 自费　　C. 多样化　　D. 大众化

三、简答

1. 中国古代的书院教育有什么特点？

2. 简要说明科举制度的意义。

3. 目前，中国的教育结构主要包括哪几部分？

第十一章

中国的传统思想

中国传统思想是中华民族各种文化精神的统一体。儒家、道家、佛家是中国传统思想体系的基本构成要素，它们有着完善的传授体系、丰富的论著和理论，对后人有着重大影响。除此之外，其他思想流派百家争鸣，共同影响着中国人的精神世界和行为，同时也大大丰富了人类的思想宝库。了解中国的传统思想，可以更深入地了解中国和中国人，可以通过对不同文化的比较丰富思想，促进交流。

第一节 儒家思想

儒家思想是先秦诸子百家思想之一，由孔子创立，孟子和荀子将其发扬光大，后经董仲舒和朱熹等人不断扩展充实，逐渐形成完整的儒家思想体系，成为中华传统文化的重要组成部分。

儒家在先秦时期和诸子百家地位平等，在秦始皇“焚书坑儒”时受到重创，在汉武帝“罢黜百家，独尊儒术”后兴起。唐代政权基本上以儒家思想为主导，同时也渗透了道教和佛教思想。宋代时发展为理学，朱熹为集大成者。元、明、清时期，科举考试都以朱熹的理学内容为考试题目，对社会思想产生了很大的影响。直到“五四运动”才取消了儒学的统治地位。儒家思想十分丰富，有仁、义、礼、智、信、忠、孝、节、悌、勇等。几千年来，儒家思想渗透在中国的社会生活中，对中华民族的文化发展做出了巨大贡献，对东亚，乃至全世界都产生了深远影响。

孔子　孔子（公元前551年—公元前479年）是中国伟大的思想家、教育家，儒家学派的创始人。“儒”是指有学问的人，他们熟悉《诗》《书》《礼》《乐》，待人“温文尔雅”，是为贵族掌管道德教化、音乐礼仪的官员。因为孔子弟子众多，影响广大，渐渐地“儒”就成了孔门弟子的专称。孔子培养了大批德才兼备的学生，被后世称为“圣人”。孔子在概括和继承了夏、商、周三代传统文化的基础上形成了一个完整的思想体系。

孔子的思想涵盖政治、道德、教育、宗教、艺术等多方面，其思

图 11-1　山东曲阜祭孔大典

想核心是“仁”和“礼”。“仁”具有古典人道主义的性质，最基本的含义是关爱别人、人和人之间要相互爱护。孔子说：“夫仁者，己欲立而立人，己欲达而达人。”就是说，要用对待自己的心去对待别人。孔子的学生子贡曾请教老师，希望老师给他一个可以终身受益的字，孔子回答说，那就是“忠恕”的“恕”，就是凡事要宽容。他还做了进一步的解释：“己所不欲，勿施于人。”也就是说，你自己不想做的事，也不要强迫别人去做。

除了“仁恕”之外，孔子还特别强调“孝悌”，“孝”是对父母，“悌”是对兄长。从爱自己到爱父母兄弟、爱妻子朋友，再由家庭到社会、由社会到国家，由小到大，由内而外。他认为仁义道德教育是得到天下和管理天下最重要的手段。孔子这种“修己安人”的思想，极大影响了中华民族思想发展的方向和社会政治格局演化的进程。

孔子的政治理想是恢复周代的礼治。“礼”强调的是外在的行为规范，也就是要符合“尊卑有序、长幼有别”等各方面的道德规范。

在那个混乱的时代，孔子特别强调社会要有秩序，他强调“君君，臣臣，父父，子子”，也就是说国君要像个国君的样子，臣子要像个臣子的样子，父亲要像父亲，儿子要像儿子，他认为这样国家才能治理好。孔子的理想是，“仁”和“礼”二者结合，社会安定有秩序，人与人友爱和睦，最终形成“大同”社会。

孔子认为做人和做事的时候应该遵循“中庸”的思想，就是在人们相处时消除差异而关注共同，让众人都觉得恰到好处。孔子强调“过犹不及”，就是做事要掌握一定的分寸，不能过头，也不能不足。这种中庸之道，成为影响中国人处理问题的重要思想。孔子认为君子是“和而不同”的，就是不同的人观点可以不一样，但是一定是在一个和谐的环境里，所以中国人以“和”为贵，不喜欢战争。孔子对鬼神之说抱着“存而不论”的态度，“敬鬼神而远之”，主张祭祀祖先，对鬼神表示诚敬，至于鬼神是否存在，则可以不问。孔子去世后他的弟子将他的思想言论和日常行为记录下来，汇编成《论语》一书。《论语》集中体现了孔子及其子弟的思想，被视为儒家思想体系的奠基性著作。

图 11-2 《论语》

先秦儒学中，孟子、荀子是继孔子之后最有名的思想家，对儒家学说的发展做出了重大贡献。

孟子　孟子（约公元前372年—公元前289年）名轲，字子舆，战国时期邹国（今山东邹城市）人，是中国古代著名的思想家、政治家、教育家。他发展了孔子的思想，著有《孟子》一书，被后世尊为“亚圣”，儒家学说因此被称为“孔孟之道”。孟子主张“性善论”，认为人天生都是善良的。在政治上，孟子主张施行“仁政”，提出“民贵君轻”的思想，强调民众地位的重要性。

荀子　荀子（约公元前325年—公元前238年）名况，字卿，战国时期赵国（今山西临猗县）人，是中国古代杰出的唯物主义思想家、教育家，所著《荀子》一书，是战国后期儒家学派最重要的著作。他将儒家学说融会贯通，提出了“性恶论”和“人定胜天”的观点，否认天赋的道德观念，强调后天环境和教育对人的影响。

西汉中期，以董仲舒为代表的儒家学派适应统治者的需要，以孔孟学说为主，建立了汉代儒学。汉代儒学以阐释儒家经典为特点，也称汉代经学，它标志着儒家思想成为中国封建社会的正统思想。

董仲舒　董仲舒（公元前179—公元前104年），西汉时期儒家思想家和教育家。他提出了“天人感应”“三纲五常”“君权神授”等儒家思想，认为“天”是自然界和人类社会的最高主宰，皇帝是“天”的儿子，所以皇帝的权力至高无上。汉武帝采纳董仲舒“罢黜百家，独尊儒术”的主张，使儒学成为中国社会的正统思想。

宋明时期，儒家学说在继承汉代经学的基础上，吸收佛学、道家思想形成了新的儒学体系，因为这个新的儒学体系以“理”为本，所以被称为理学。宋明理学包含的主要学派有以程颢、程颐、朱熹为代表的“程朱理学”和以陆九渊、王守仁为代表的“陆王心学”。程朱理学的根本特点就是将儒家的社会、民族及伦理道德和个人生命信仰理念构成更加完整的概念化、系统化的哲学及信仰体系。陆王心学强调生命的过程，宗旨是“致良知”，认为人的本心作为道德主体，自身就决定了道德法则和伦理规范。

儒家思想的主要代表著作是“四书五经”。“四书”指的是《论语》《孟子》《大学》《中庸》，“五经”指的是《诗经》《尚书》《礼记》《易经》《春秋》。“四书五经”是南宋以后儒学的基本必读书目，也是科举考试的主要内容，成为当时人们为人处事的准则。

孔子创立的儒家学说以及在此基础上发展起来的儒家思想，是中华传统文化的重要组成部分，对中华文明产生了深刻影响。儒家思想系统完备，统治有力，贯穿了中国封建社会的大部分时期，对社会发展起到了安定、平衡和约束的作用。今天，儒家学说仍然或多或少地影响着中国人的思想和生活。

儒家思想不但对中国影响巨大，在国外也产生了广泛影响。在世界上，受中国儒学影响最大的是亚洲国家，特别是古代朝鲜、日本和越南。以儒学为代表的中华传统文化，带去了文字和先进的哲学、伦理、政治思想和统治经验，形成了巨大的汉文化圈。儒家思想传到欧洲后，孔子被看作是中国道德与政治哲学的最高学者，受到社会不同阶层的尊崇。随着中华优秀文化在世界范围的传播，学习和研究孔子与儒家思想的人越来越多，影响也越来越大。

第二节 道家思想

道家思想由先秦思想家老子开创，在庄子那里得到了继承和发展。后来，人们把以老子和庄子关于“道”的学说为宗旨的学术派别统称为道家。道家思想也被称为“老庄思想”。道家作为一个思想文化流派，其核心范畴是“道”。道家崇尚自然，强调无为而治，与世无争，主张与自然和谐相处。

老子　老子（生卒年不详），姓李名耳，又称老聃，春秋时期楚国苦县（今河南鹿邑县）人，与孔子生活在同一时代。他的思想集中体现在哲学著作《老子》中。《老子》又名《道德经》，这部书围绕“道”和“德”系统地阐述了老子的思想。《老子》大约只有五千字，却产生了非常深远的影响，后来人们也习惯把它叫作《老子五千文》。“道”的观念是老子思想体系的核心。他认为“道”是一切事物的开始，也是一切事物的运动法则，所以应该让事物按照自然的进程自由发展，人们不要去改变它。老子强调“天人合一”，也就是说人的一切思想和行为应该与自然相一致，相协调，不能违背自然，更不能破坏自然的和谐。只有保持自然的和谐与生态的平衡，才能保护好人类自己生存的环境与条件。

老子是一位伟大的哲学家，他的辩证思想对后人很有启发意义。他认为，任何事物都处于矛盾对立、运动变化之中。任何事物都有相互对立的两个方面，这些矛盾的双方到了极端就会向对立方向转化，也就是“物极必反”。他强调要以柔克刚，因为表面柔弱的东西往往本质坚强。

图 11-3　老子像

在政治上，老子强调只有以“无为”治理天下，天下才能和平安定。圣人治理国家，要顺应民心，顺其自然，不要对百姓多加干预。在人生观上，老子强调与世无争，反对争强好胜，主张“知足寡欲”，提倡返璞归真、顺应自然。

庄子　庄子（约公元前369—公元前286年），姓庄，名周，是继老子之后道家最重要的人物，他集道家思想之大成，其思想体现在《庄子》中。他继承和发展了老子的学说，把世间万物都看作是相对的。他认为放弃一切大小、生死、贵贱、荣辱等差别观念，就能获得精神上的自由。他主张将外在的万物与自我等同起来，追求精神世界的超越和逍遥。

在中华传统文化这个大系统中，道家思想的地位和作用是不容忽视的。跟儒家积极入世的态度相反，道家更多地关注人的内心世界，强调与世无争，提倡从自然中找一条自我拯救的人生道路。儒家思想和道家思想形成两种不同的世界观，它们既互相对立，又互相融合，成为对中华民族影响最大的两种理想人格。

道家思想在中国社会各领域都产生了深远影响，它以各种形式渗透到儒学、佛学等其他传统思想中，渗透到现实生活的各个方面，影响着中国人的人生态度。道家追求精神的宁静与自由，在指导现代人实现自我心理调节、促进心理健康等方面起到重要作用。老子“道法自然”的思想，有利于人们协调现代社会人与自然的关系。老子“物极必反”的哲学观，让人们以谦虚为本，不居功自傲。道家思想崇尚自然、含蓄、冲淡、质朴的审美价值，对中国艺术产生了重大影响，例如，在绘画上重视描绘山水和自然，在诗歌上注重感情的自由表达等。

此外，道家思想还影响了道教的形成。道教于汉朝末年兴起，后来又有若干发展分化。道教在理论上汲取了道家思想的大量因素，奉老子为教祖，尊称老子为太上老君，并将他的《道德经》作为主要经典之一，可以说道家哲学的主要精神贯穿于道教之中。

第三节　禅宗思想

禅宗是汉传佛教宗派之一，最早由菩提达摩传入中国，主张修习禅定，所以叫禅宗。禅宗认为，禅是一种超越思想与哲学的灵性世界。它的

汉传佛教宗派多来自于印度，但天台宗、华严宗与禅宗，是中国独立发展出的三个本土佛教宗派。

核心思想是："不立文字，教外别传；直指人心，见性成佛。"禅宗思想认为语言文字会约束思想，所以不立文字。禅宗认为要真正达到"悟道"，应该超越语言文字，避开抽象性的论证，凭自己亲身感受去体会。

禅宗主张修行不一定要出家、读经，世俗活动可以正常进行，这种便捷、世俗的修行方式更容易为中国老百姓了解和接受。禅宗不要求特别的修行环境，修行者的日常生活与一般人没有什么不同，但是在处理日常事务时，心境能够不受外界的影响，也就是说，凡人与佛只在一念之差。

禅宗思想认为人天生就有佛性，每个人都具有善良、纯洁的心，通过修行，每个人都可以成佛。但人们认识不到自身具有的纯洁之心是最珍贵的宝物，所以产生很多欲望，人们像春蚕一样被自己的欲望束缚在里面出不来，从来带来痛苦与迷惘。禅宗认为解脱束缚的方法有两种：一是渐悟，二是顿悟。渐悟是一种慢慢调养心性的过程，强调对心性的艰苦锻炼与调顺。顿悟是禅宗的主流，指超越了一切时空、因果、过去、未来而获得了从一切世事中解脱出来的自由感，从而超凡入圣，不再拘泥于世俗的事物，却依然进行正常的日常生活。

禅宗认为通过修行人们可以达到不同的境界。第一是"触目菩提"境界，就是说人们见到的每一件东西都有佛性，要和自然、山水融为一体。第二是"水月相忘"境界，即修行到了高深的境界时，就像水和月亮互相映照，同时又很洒脱，很自在。如人们射箭时，要感觉到不是"我"在射，而是箭自己射出去，人与箭的融合达到了很自然的程度。第三是“珠光交映”境界，强调时间、空间、过去、未来、动静都是相对的，没有一种绝对的标准。第四是“饥餐困眠”境界，也就是说饿了就吃，困了就睡，其精髓就是保持一颗平常心。

禅宗思想在传播过程中，汲取了佛教精华，借助佛教大乘理论，对佛教进行了创造性的转化，用最简洁的方式阐释了佛教。同时，禅宗创立时期道家学说已经成熟，所以在特定历史条件和社会环境下，禅宗思想以老庄思想为依托，在人生境界上表现出与道家相似的超脱性，强调主体精神的自觉。

惠能在24岁时赴湖北黄梅禅寺拜五祖弘忍为师，以一偈“菩提本无树，明镜亦非台，本来无一物，何处惹尘埃？”的示法诗获五祖传授衣钵，被立为禅宗第六祖。

图 11-4　1300 多年前六祖惠能手植的“佛荔树”

禅宗思想对中国文化的发展具有重大影响。禅宗具有高度理性化的特点，几乎没有神学气息，这影响了中国人的思维方式及人生态度，使一般人跳出礼法的框框和当时的文化约束。禅宗不但开创了修行的新境界，也影响了中国文化艺术。文学方面出现了大量"禅诗"，如诗人王维被称为"诗佛"，其作品"诗中有画，画中有诗"。佛经中的故事情节也成为艺术家们绘画的题材，曹不兴、吴道子等都擅长佛画。禅宗思想也渗透到老百姓的日常生活中，人们的日常用语中有很多体现禅宗思想观念的词语，如"烦恼、世界、因缘、报应"等。

禅宗思想在现实生活中具有积极意义。在中国传统思想中，儒家思想、道家思想和佛教禅宗思想都重视"人"，三家的理论归根结底是要解决人如何生存处世这一人生根本问题。禅宗思想重视人的作用，认为人应该有自己的信仰和目标，要修炼和确立自己的价值观和处世准则。禅心就是包容的心、淡泊的心、平等的心、感恩的心，这些也是社会所倡导的道德风尚。禅宗的信念可以引导人们检讨苦乐的根源，引发达观的态度，辨析并抵御种种诱惑，拥抱积极而有意义的人生。

第四节　法家、墨家与兵家

中国的传统思想以儒、释、道三家为主，其他各家思想流派百花齐放，百家争鸣。在这种开放、活跃的学术气氛中涌现出许多思想家和学术流派，如法家、墨家和兵家等。

法家　法家是先秦诸子中最重视法律的一派，主张"以法治国"，反对儒家用“礼”来治理国家的主张，认为一个国家只有依靠法律才能越来越强大。法家思想是此后封建统治者维护集权统治的理论基础。法家代表人物有商鞅、慎到、申不害等，最著名的代表人物是战国末期的韩非子。

韩非子（约公元前280年—公元前233年）是法家思想的集大成者，著有《韩非子》一书，对后世影响很大。韩非子认为，治理国家要以法治为中心，综合运用“法”“势”“术”。“法”指国家健全法制，“势”指君主应掌握权势地位，“术”指君主驾驭群臣、推行法令的策略和手段。韩非子认为，法、势、术三者缺一不可，都是帝王统治的工具。此外，韩非子还有比较突出的朴素辩证法思想。《韩非子》一书中记载了大量脍炙人口的寓言故事，比较著名的有“自相矛盾”“守株待兔”“滥竽充数”“老马识途”等。这些生动的寓言故事，思想性和艺术性完美结合，不仅蕴含着深刻的哲理，还有较高的文学价值。

法家在法理学方面做出了贡献，探讨了法律的起源、本质、作用，以及法律同社会经济、时代要求、国家政权、伦理道德、风俗习惯的关系等方面的基本问题。法家认为法是用以规范和衡量人们行为的准则，具有客观性、平等性、权威性、统一性及可操作性。法家反对保守的复古思想，主张锐意改革，认为历史是向前发展的，一切的法律和制度都要随历史的发展而发展。虽然法家也有不足的地方，如极力夸大法律的作用、强调用重刑来治理国家等，但是法家思想的积极方面对今天的法治建设仍然具有借鉴意义。

墨家 墨家学派的创始人是墨子（约公元前468—公元前376），他是战国初期伟大的思想家、政治家，也是一位有卓越贡献的自然科学家。他的思想保存在《墨子》一书中，其思想核心是“兼爱”和“非攻”。“兼爱”就是人和人之间要相互爱护，不应有等级分别，反对儒家强调的社会等级观念；“非攻”就是国家之间不应该相互攻打，反对当时的兼并战争。墨家认为人类发动战争的原因是不相爱，只有天下的人都“兼爱”才能使国家安定。

除此之外，在选拔人才方面，墨家主张“尚同”“尚贤”，即选拔官员应该不分贵贱亲疏，要以贤能、功劳为标准。生活方面，墨家提倡“节用”“节葬”和“非乐”，即反对奢侈，主张节俭。宇宙观方面，墨家强调“尊天”“事鬼”和“非命”，认为天意、鬼神是存在的，但命运不能主宰人的富贵贫贱，人可以依靠自己的努力来改变自己的命运。

兵家 兵家是春秋战国时期诸子百家之一，是研究军事理论、从事军事活动的一个学派。主要代表人物有春秋时的孙武、战国时的孙膑等。兵家思想包括若干科学的管理观点，它把政治、经济、军事、天文、地理、国际关系等各种客观因素作为决定胜负的条件，并把它们看成是相互联系、相互影响的统一整体。兵家思想强调战争主观指导，即主体的决策、指挥、组织、运筹等素质，并由此引出争取战争胜利的一系列战法。兵家所揭示的许多带有规律性的原则，人们至今仍在遵守。许多名言已成为脍炙人口的管理格言，如“知彼知己，百战不殆”“居安思危”“有备无患”等。

孙武所著的《孙子兵法》，又称《孙武兵法》，是中国现存最早的兵书，也是世界上最早的军事著作，被誉为“兵学圣典”。该书共有六千字左右，一共有十三篇，这部书从战争的作用、对战争的态度、决定战争胜负的因素、统军思想、作战原则、战略战术等各个方面进行了论述，内容丰富，见解深刻。它在军事理论和军事哲学方面都达到了前无古人的高度，深受世界各国重视，已被译为英、法、日、德、俄等多种文字。

图 11-5 《孙子兵法》

关于计谋（战略）的论述，是兵家思想中内容最丰富的一部分。《三十六计》是中国古代三十六个兵法策略，源于南北朝，成书于明清，作者不详。该书根据中国古代卓越的军事思想和丰富的斗争经验总结而成，计谋共分六个部分，即胜战计、敌战计、攻战计、混战计、并战计、败战计。前三部分是处于优势所用之计，后三部分是处于劣势所用之计，每部分各包含六计，总共三十六计。每计都含有朴素的军事辩证法思想，是古代兵家计谋的总结和军事谋略学的宝贵遗产。

三十六计为：金蝉脱壳、抛砖引玉、借刀杀人、以逸待劳、擒贼擒王、趁火打劫、关门捉贼、浑水摸鱼、打草惊蛇、瞒天过海、反间计、笑里藏刀、顺手牵羊、调虎离山、李代桃僵、指桑骂槐、隔岸观火、树上开花、暗度陈仓、走为上、假痴不癫、欲擒故纵、釜底抽薪、空城计、苦肉计、远交近攻、反客为主、上屋抽梯、偷梁换柱、无中生有、美人计、借尸还魂、声东击西、围魏救赵、连环计、假道伐虢。

总的来说，中国传统思想是以儒家为主流，多元发生、多极并立、互动发展的思想体系，具有多元性与融合性，它们在论争中相互吸收借鉴，在融合中不断创新发展。几千年来，中国的传统思想一直深刻影响着中国人的精神世界和行为模式，不仅对中华文明，而且对世界文化都产生了深远影响。

思考与练习

一、填空

1. 孔子的思想涵盖政治、道德、教育、宗教、艺术等多方面，其思想核心是________和“礼”。

2. 老子的思想集中体现在哲学著作________中，这部书大约只有五千字，却产生了非常深远的影响。

二、选择

1.“四书”指的是《论语》《孟子》《大学》和________。

A.《礼记》　B.《中庸》　C.《尚书》　D.《春秋》

2. 受________思想的影响，诗人王维的作品“诗中有画，画中有诗”，被世人称为“诗佛”。

A. 墨家　B. 儒家　C. 道家　D. 佛教禅宗

3. 孙武是中国古代军事谋略学的鼻祖，他的著作________被誉为“兵学圣典”，这是中国，也是世界上最早的兵书。

A.《孙子兵法》　B.《兵圣》　C.《兵法》　D.《三十六计》

三、简答

1. 简要介绍儒家思想的影响。

2. 韩非子认为应该综合运用“法”“势”“术”治理国家，简单说一说它们分别指什么。

第十二章

中国的文学

中国文学历史悠久，种类繁多，是世界文学的一个重要组成部分。中国文学有自己独特的形式、风格和内容，体现着中国人的美学追求和文化精神。从形式上看，中国文学有诗歌、散文、戏曲、小说等不同的文学样式；从风格上看，不同作家、作品风格多样，浪漫主义与现实主义并举；从时间上看，中国文学可分为古代文学、近现代文学和当代文学。

第一节 诗歌

诗歌是中国文学中最早成形的文学体裁，发展也最为充分。现存的上古歌谣，词句简朴，节奏流畅，不仅表达了先民的思想和感情，而且生动地反映了当时的生活和劳动场景。广义的中国诗歌，包括各种韵文，如赋、词、曲等，狭义则仅包括古体诗、近体诗和现代诗。

一、先秦诗歌

秦朝统一各国前的诗歌为先秦诗歌，这是中国传统诗歌的源头。先秦诗歌包括《诗经》、楚辞、春秋战国时期的一些传统民歌和部分原始社会歌谣。其中《诗经》是中国现实主义诗歌的源头，而楚辞是中国浪漫主义诗歌的源头。

《诗经》《诗经》是中国第一部诗歌总集，是中国古代诗歌的第一座高峰。它收录从公元前 11 世纪至公元前 6 世纪大约 500 年间的诗歌作品，共有 305 篇。《诗经》里的诗都是配合音乐写的歌词，按音乐和内容的不同，可以分为“风”“雅”“颂”三类。“风”是各地的民歌，“雅”是周王朝直接统治地区的乐曲，“颂”是寺庙祭祀的乐曲。《诗经》内容丰富，包括爱情与婚姻、战争与徭役、压迫与反抗、劳动与宴会等各个方面，是周代社会生活的一面镜子，被称为中国现实主义文学的源头。《诗经》在形式上一般四个字为一句，采用“赋”“比”“兴”的表现手法，名篇有《关雎》《硕鼠》《伐檀》等。

《诗经·周南·关雎》
关关雎鸠，在河之州。
窈窕淑女，君子好逑。
参差荇菜，左右流之。
窈窕淑女，寤寐求之。
求之不得，寤寐思服。
悠哉悠哉，辗转反侧。
参差荇菜，左右采之。
窈窕淑女，琴瑟友之。
参差荇菜，左右芼之。
窈窕淑女，钟鼓乐之。

【译文】

雎鸠关关在歌唱，在那河中小岛上。善良美丽的少女，小伙理想的对象。

长长短短鲜荇菜，顺流两边去采收。善良美丽的少女，朝朝暮暮想追求。

追求没能如心愿，日夜心头在挂牵。长夜漫漫不到头，翻来覆去难成眠。

长长短短鲜荇菜，两手左右去采摘。善良美丽的少女，弹琴鼓瑟表爱慕。

长长短短鲜荇菜，两边仔细来挑选。善良美丽的少女，钟声换来她笑颜。

楚辞　战国时期，楚国诗人屈原以南方民歌为基础，创作了一种新的诗歌体裁——楚辞。楚辞采用楚国方言，以六言、七言为主，句式灵活，易于表达情感，代表作有《离骚》《九歌》《九章》等。后世称这种文体为“楚辞体”或“骚体”。楚辞开创了中国浪漫主义文学的先河，小说、散文、戏剧四大体裁皆不同程度受到楚辞的影响。

“骚”，因屈原作品《离骚》而得名，与因十五《国风》而称为“风”的《诗经》相对，分别为中国现实主义与浪漫主义的鼻祖。后人也常以“风骚”代指诗歌，或以“骚人”称呼诗人。

图 12-1　屈原像

二、两汉、魏晋南北朝诗歌

两汉及其之后的魏晋南北朝时期的诗歌，继承和发展了《诗经》和楚辞的优良传统，广泛地反映了当时的社会生活，并在体裁和形式上实现了由四言诗向五言诗和七言诗的转变。这一时期的主要文学成就有汉乐府民歌、建安诗歌、田园诗和山水诗，以及南北朝民歌。

汉乐府民歌 “乐府”是指汉代的一种音乐机构，它的功能主要是收集文人诗和民间歌谣，并配上乐曲。其中汉乐府民歌是汉乐府中最精彩，也是最重要的内容。如被称为中国第一首长篇叙事诗的《孔雀东南飞》，就是汉乐府民歌中的精华作品。这首诗通过刘兰芝和焦仲卿自杀殉情的爱情悲剧，控诉了封建礼教的罪恶，表达了青年男女追求婚姻自由的愿望和决心。

建安诗歌 建安是东汉汉献帝的年号，所以这一时期的文学也被称为建安文学，建安诗歌是其中成就最为显著的部分。汉末，战争频繁，社会动荡不安，但也出现了以“三曹”（曹操、曹丕、曹植）为代表的一批诗人。他们创作的建安诗歌多从汉乐府民歌中吸取养料，描写社会和民众的苦难，抒发自己愿为祖国统一贡献力量的强烈愿望。其风格慷慨悲凉，语言刚健有力，有鲜明的时代特色。

田园诗和山水诗 晋代出现了两位著名的诗人——陶渊明和谢灵运。陶渊明开创了田园诗派，他的诗主要表现对田园生活的感受，如《归园田居》《饮酒》等。他的散文《桃花源记》描写了一个美丽的“世外桃源”，表现了在那个动乱年代人们对太平社会的向往。谢灵运开创了山水诗派，他把自然界的美景引进诗中，使山水成为独立的审美对象。他对山水胜景刻画细腻，风格清新自然，提高了诗歌的艺术技巧和表现力，并影响了一代诗风。

南北朝民歌　汉代结束以后的魏晋南北朝时期，是一个民族大迁移和南北文化大交流的时代，南朝民歌中的抒情长诗《西洲曲》和北朝民歌中的叙事长诗《木兰辞》分别代表了南北朝民歌的最高成就。《木兰辞》塑造了女扮男装、代父从军、勇敢聪慧而又品格高尚的巾帼英雄花木兰的形象，深受人民喜爱。花木兰的故事一直流传到今天，并多次被搬上银幕、舞台。

三、隋唐五代诗歌

隋唐五代时期是中国诗歌的繁荣时期，诗歌、散文、小说、通俗文学等各种文学形式都得到繁荣发展，其中，唐代被后人称为中国诗歌的黄金时代。古典诗歌到唐代发展到全盛时期，在唐代近300年的时间里，诗人名家辈出，诗歌创作几乎遍及社会各个阶层的男女老少。《全唐诗》收录的诗人有2000余位，诗作近5万首，最著名的诗人有李白、杜甫、白居易等。唐诗在创作方法上，现实主义与浪漫主义风格并举，不仅在古体诗创作上取得了丰硕成果，并且创造了优美整齐的格律诗体。

李白　李白被人们尊称为“诗仙”，他的诗歌豪放飘逸，想象奇特，极具浪漫主义色彩。他的“蜀道之难，难于上青天”(《蜀道难》)、“君不见黄河之水天上来，奔流到海不复回”(《将进酒》)、“飞流直下三千尺，疑是银河落九天”(《望庐山瀑布》）等诗句，大胆采用出奇的夸张手法和巧妙生动的比喻，世代为人们所传诵。

图 12-2　李白像

杜甫　杜甫是中国伟大的现实主义诗人，被人们尊称为“诗圣”，他与李白合称“李杜”。杜甫生活于唐朝由盛转衰的历史时期，许多作品反映当时的民生疾苦和政治动乱，他用诗歌创作抒发忧国忧民之心。其代表作“三吏”“三别”、《茅屋为秋风所破歌》《春望》等，表达了诗人对贫苦人民的深切同情和对战争的愤恨。

“三吏”是《石壕吏》《潼关吏》《新安吏》，“三别”是《新婚别》《垂老别》《无家别》。

白居易　白居易是继杜甫之后又一位杰出的现实主义诗人。他和元稹等诗人倡导了一场“新乐府运动”，即强调诗歌的社会作用，主张将诗歌与政治和社会现实密切结合。代表作《卖炭翁》《长恨歌》《琵琶行》等，千百年来传诵不绝。

《长恨歌》歌咏唐玄宗和杨贵妃的婚姻爱情故事，既讽刺了唐明皇的荒淫误国，又用充满同情、感伤的笔触描写了唐明皇对杨贵妃的相思之情。《琵琶行》既表达了对“门前冷落车马稀，老大嫁作商人妇”的琵琶女的悲惨命运的同情，也寄托了自己遭贬的抑郁、愤懑之情。这两首诗叙事曲折，写情入微，声韵流畅，广为流传。

四、宋元诗词

宋元时期是中国诗歌的转型时期。各种文体，如词、诗歌、散文、话本小说等，都非常繁荣。词，是古典诗歌的一种，与音乐关系密切，可以配乐歌唱。作为一种新体诗歌，词在宋代发展到了鼎盛时期，成为一代文学的主要标志。《全宋词》记载的作品有2万余首，词人1400余位。唐诗、宋词在中国文学史上占有相当重要的地位，被称为中国文学的双璧。

宋词在发展过程中，产生了北宋词坛大革新家苏轼、女词人李清照、爱国词人辛弃疾等众多杰出的词人。

苏轼　苏轼是北宋词坛的大革新家，他扩大了词的意境和题材，丰富了词的表现手法，使词成为独立的抒情诗体。他推进了词律的改革，改变了之前的婉约词风，创立了豪放词派。苏轼的主要代表作有《念奴娇·赤壁怀古》《水调歌头·明月几时有》等。

《水调歌头·明月几时有》

明月几时有？把酒问青天。不知天上宫阙，今夕是何年。我欲乘风归去，又恐琼楼玉宇，高处不胜寒。

起舞弄清影，何似在人间！转朱阁，低绮户，照无眠。不应有恨，何事长向别时圆？人有悲欢离合，月有阴晴圆缺，此事古难全。但愿人长久，千里共婵娟。

李清照　李清照是中国古代最优秀的女词人，是婉约词派的代表。李清照前期的词风格婉约，感情细腻，如描写春天景物的《如梦令》。她的后期作品将国破家亡的悲愤与身世漂泊的伤痛融合在一起，感人心魄，如《声声慢·寻寻觅觅》等。

《如梦令》

常记溪亭日暮，沉醉不知归路。兴尽晚回舟，误入藕花深处。争渡，争渡，惊起一滩鸥鹭。

图 12-3　李清照像

辛弃疾　辛弃疾是南宋伟大的爱国主义词人。他的作品充满了豪迈的英雄气概，他的词同国家和民族的命运结合在一起，大大拓展了宋词的思想内容和艺术风格，代表了南宋爱国词的最高成就。名篇有《破阵子·醉里挑灯看剑》《永遇乐·千古江山》等。

五、明清诗歌

明清时期，古典诗歌逐渐走向尾声，但诗歌艺术与诗歌理论都得到新的发展。特别是清代，诗歌迎来了一个小高峰，这期间无论是诗词作品还是名家流派，都呈现出繁荣的景象，其中代表人物有顾炎武、黄宗羲、龚自珍、黄遵宪等。

龚自珍　龚自珍是清代思想家、诗人、文学家和改良主义的先驱者。他主张革除弊政，抵制外国侵略，曾全力支持林则徐禁除鸦片。他的诗文主张“更法”“改图”，揭露清统治者的腐朽，洋溢着爱国热情，被柳亚子誉为“三百年来第一流”。著有《定庵文集》，留存文章300余篇，诗词近800首。他的诗多咏怀、讽喻之作，其主要代表作为诗集《已亥杂诗》。

六、现代诗歌

中国现代诗歌是指“五四运动”以来的诗歌。1917年，胡适在《新青年》发表的《白话诗八首》是现代诗歌的开端。

中国现代诗歌主要指新诗，其特点是用白话语言写作，形式上灵活自由，打破了旧诗词格律的束缚，表现了科学、民主的新时代内容。新诗的倡导者和初期作家主要有胡适、刘半农等。代表新诗始创期最高成就的是浪漫主义诗人郭沫若，他打破了中国传统旧诗的格式，使用崭新的现代诗歌形式进行创作，其代表作诗集《女神》被称为新诗奠基之作，也是新诗真正取代旧诗的标志。

20世纪20年代，随着自由体新诗的勃兴，多种诗歌流派形成。新月派是现代新诗史上一个重要的诗歌流派，他们不满于“五四”以后“自由诗人”忽视诗艺的作风，提倡新格律诗，代表作有徐志摩的《再别康桥》、闻一多的《七子之歌》等。20年代后期，象征派兴起，诗人尝试把西方象征主义创作方法引进自己诗中，代表作有戴望舒的《雨巷》。

进入三十年代，艾青、田间、臧克家的诗歌标志着中国新诗的成熟。他们以传达民族危难中的抗争意识为共同特点，又以各不相同的艺术个性显示了各自的才华。代表作有臧克家的《烙印》、田间的《给战斗者》、艾青的《大堰河——我的保姆》。抗战时期，诗歌的主题基本转向抗日救国的呐喊，代表作有何其芳的《夜歌》等。

五六十年代，在郭小川和贺敬之的影响下，政治抒情诗的创作成为主流，代表作有郭小川的《甘蔗林——青纱帐》、贺敬之的《回延安》等。

二十世纪七十年代末八十年代初，随着中国文学全面复苏，出现了一个新的诗歌流派——朦胧诗派。朦胧诗以内在精神世界为主要表现对象，诗境模糊朦胧，诗意隐约含蓄。代表作有舒婷的《致橡树》、北岛的《回答》、顾城的《一代人》等。在朦胧派退潮后，诗坛又涌现出了一次诗歌浪潮，即“新生代”诗人群，他们主张“生命意识”和“家园意识”，要求恢复朴素平易的诗风，代表作有海子的《面朝大海，春暖花开》。

九十年代后，中国诗歌出现“百花齐

《致橡树》

我如果爱你——
绝不像攀援的凌霄花，
借你的高枝炫耀自己；
我如果爱你——
绝不学痴情的鸟儿，
为绿荫重复单纯的歌曲；
也不止像泉源，
常年送来清凉的慰籍；
也不止像险峰，
增加你的高度，衬托你的威仪。
甚至日光。
甚至春雨。
不，这些都还不够！
我必须是你近旁的一株木棉，
做为树的形象和你站在一起。
根，紧握在地下，
叶，相触在云里。
每一阵风过，
我们都互相致意，
但没有人
听懂我们的言语。
你有你的铜枝铁杆，
像刀，像剑，
也像戟；
我有我的红硕花朵，
像沉重的叹息，
又像英勇的火炬。
我们分担寒潮、风雷、霹雳，
我们共享雾霭、流岚、虹霓；
仿佛永远分离，
却又终身相依。
这才是伟大的爱情，
坚贞就在这里：
爱——
不仅爱你伟岸的身躯，
也爱你坚持的位置，足下的土地。

放、百家争鸣”的局面，诗歌的题材、形式、风格更加多样化，诗人们更加关注社会现实，也更加注重创新诗歌技巧，呈现出更加多元的个人写作姿态。

第二节 散文

散文区别于韵文、骈文，是不重押韵、不重排偶的散体文章。中国有悠久的散文传统，殷商时代有了文字，也就有了记史的散文，包括经传史书在内，一律称为散文，如先秦诸子散文、唐宋散文、明清小品文等。现当代散文不仅继承和发扬了古代散文的传统，而且还吸收和借鉴了西方散文的艺术手法，题材广泛，形式多样，自由灵活。

一、古代散文代表作家

先秦散文包括诸子散文和历史散文。诸子散文以论说为主，如《论语》《孟子》《庄子》等；历史散文是以历史题材为主的散文，如《左传》。西汉时期司马迁的《史记》把传记散文推到了前所未有的高峰，东汉开始出现了书、记、论、序等个体单篇的散文形式。到了唐宋阶段，在古文运动的推动下产生了文学散文，涌现了不少优秀的山水游记、寓言、传记、杂文等作品，出现了著名的“唐宋八大家”。明清散文以桐城派为代表，注重“义理”的体现。

“唐宋八大家”是指韩愈、柳宗元、曾巩、王安石、欧阳修、苏轼、苏辙、苏洵。

庄子 庄子不仅是道家思想的代表人物，而且是著名的散文家。

他的散文善于以寓言表达思想，想象丰富，手法夸张，善于把日常生活中的人和事做极度夸大或缩小的描写，以产生强烈的艺术效果。他的散文兼具音乐美与诗意美，其辨证哲理晓畅易懂，文章极具浪漫气质。作为中国顶级语言大师，他文采富丽，妙喻生动，修辞精美，为后世千变万化的表达方式开了风气之先，开创了叙事与抒情两大源流。其代表作有《齐物论》《逍遥游》《养生主》《大宗师》等。

贾谊　贾谊，西汉政论家、文学家，世称“贾生”。贾谊著作主要有散文和辞赋两类，深受庄子与列子的影响。其散文的主要成就是政论文，评论时政，风格朴实峻拔，代表作有《过秦论》《陈政事疏》等。其辞赋皆为骚体，形式趋于散体化，是汉赋发展的先声，以《吊屈原赋》《鵩鸟赋》最为著名。

韩愈　韩愈，唐代文学家、哲学家，古文运动倡导者，被尊为“唐宋八大家之首”。韩愈作为中唐古文运动领袖，极大提升了中国散文的文化地位，使散文得以与诗歌并驾齐驱。他扫除了南北朝以来弥漫文坛的形式主义之风，复兴了先秦两汉的古朴传统，同时也注重革新。他的散文论道雄辩，叙事、议论、抒情无一不绝。韩愈在散文理论上的建树不亚于创作，他主张人品即文品，强调有感而发，并积极介入社会批评，倡导形成了“文以载道”“文道合一”的传统。其代表作有《师说》《祭十二郎文》等。

柳宗元　柳宗元，唐代文学家、哲学家，与韩愈并称“韩柳”，为“唐宋八大家”之一。柳宗元与韩愈携手发起了中唐古文运动，成为政治和文学改革的践行先驱，其社会批判意识比同辈更深刻。柳宗元也是一流的山水游记作家，他把诗歌的凝练与散文的放达相结合，其作品哲理与意境俱佳。他的寓言短小精悍，妙趣横生，独创了用议论手法写人物传记的方法，代表作有《封建论》《捕蛇者说》等。

欧阳修　欧阳修，北宋文学家、史学家、诗文革新领袖，为“唐宋八大家”之一。欧阳修诗、词、文俱佳，论说文刚劲犀利，抒情文情景交融，文势大起大落，语言简洁有力。他在理论上文道并重，不拘一格，不遗余力地推进韩愈首倡的文体改革，有“修文一出，天下响慕”之美誉，代表作有《醉翁亭记》《秋声赋》等。此外，欧阳修注重培养学生、提携后进，为中国散文发展的又一高潮做出了贡献。

苏轼　苏轼，北宋文学家、书画家，与欧阳修一起参与诗文革新

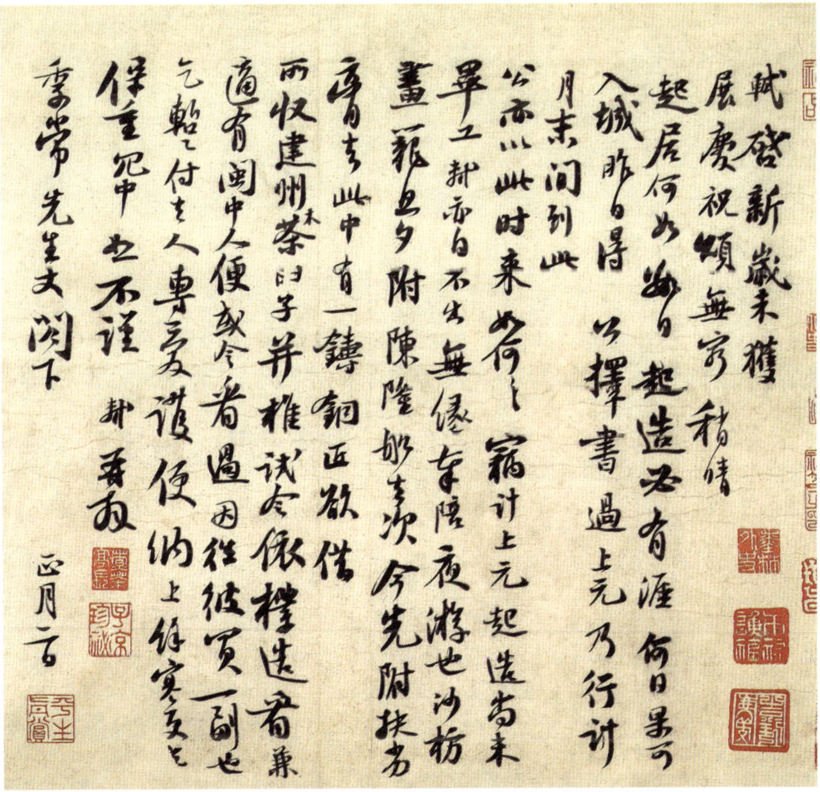

图 12-4　宋代苏轼行书《新岁展庆帖》

运动，为“唐宋八大家”之一。苏轼被誉为中国古代散文最高成就体现者，他多才多艺，在诗、词、散文、书、画等各方面都取得了很高成就，达到了在各门艺术中触类旁通、游刃有余的自由境界。其散文追求文理自然，抒情、叙事意境悠远。其议论文气魄宏伟，哲理玄奥，杂文小品旁征博引，谈笑风生。代表作《前赤壁赋》堪称辞赋和散文的千古绝唱。

张岱　张岱，明末清初散文家、史学家，是明清之交中国小品文高峰期的领军人物，是坚决抵制复古主义文风的性灵文学代表。他的小品文扩大了散文的题材范围，语言清新活泼，既可直抒胸臆，也可夹叙夹议。他的回忆录，不但具有反映时代的史料价值和剖析内心的传记价值，又再现了当时社会的民俗风情。代表作有《西湖七月半》《湖心亭看雪》等。

二、现当代散文代表作家

1918 年《新青年》设立“随感录”栏目，标志着中国进入了现代散文发展时期。现代散文用白话文代替了文言文，表现形式更加多样，杂文、短评、小品、随笔、速写、游记、通讯、书信等都属于散文。由于散文篇幅短小，形式自由，写法灵活，语言优美，能比较迅速地反映生活，所以深受人们喜爱。现当代散文作家主要有鲁迅、冰心、朱自清、周作人、林语堂、余秋雨等。

鲁迅　鲁迅是中国伟大的文学家、思想家、革命家。他的散文题材广泛，或辛辣犀利，充满人性批判与自省，或清新隽永，饱含深情与自信，文笔简洁，观察深刻。其散文集有《野草》《朝花夕拾》等，

图 12-5　鲁迅故里

《野草》是一部象征主义的艺术精品，其中最具艺术特色的是运用各种象征手法创造的艺术形象。《朝花夕拾》较多地继承了传统散文的艺术特点，语言质朴，思想深邃，表达了对社会现实的批判。

冰心　冰心原名谢婉莹，她创造的文学语言与艺术风格具有鲜明的个性特色，宣扬自然爱、母爱、儿童爱，被称为“爱的哲学”。她的散文语言婉约典雅，轻灵隽丽，具有高度的艺术表现力，表现了乐观进取的时代精神，产生了广泛的影响。代表作有散文集《往事》《寄小读者》等。

朱自清　朱自清散文重视情景交融的意境刻画，完美表现了现代散文的语言与文体之美。朱自清的散文创作带有鲜明的时代印记，从清秀到质朴再到激进，显示出他独特的艺术风格和审美旨趣。他叙事、写景、抒情都注入真挚、深厚的情感，构思缜密，意境悠远，代表作有名篇《背影》《荷塘月色》《桨声灯影里的秦淮河》等。

周作人 作为中国现代散文大师，周作人提出了个性化、艺术化、民族化等散文理论，促进了现代散文理论体系的完善。他将抒情、叙事、说理等统一在“个人”的旗帜下，使得中国散文个性化原则越来越突出。其审美理想闲适、飘逸，散文风格朴淡、宁静，具有“化浓为淡”的哲理情思，代表作有散文集《自己的园地》《雨天的书》等。

林语堂 林语堂是中国著名的文学家和语言学家，他既有扎实的中国古典文学功底，又有很高的英文造诣。他的文章追求幽默闲适，语言深入浅出，平实机智，有一种从容自如的风度。他一生笔耕不辍，著作等身，提高了随笔体散文的文学地位，代表作有《剪佛集》等。

余秋雨 余秋雨是中国当代著名文化学者和散文家，主要从事文化散文写作和艺术理论研究。余秋雨的散文因文采飞扬、思维敏捷、知识丰厚、见解独到而备受读者喜爱。他的历史散文更是别具一格，善于在美妙的文字中将读者带入文化意识的河流，具有极高的审美价值和历史文化意味。代表作有散文集《文化苦旅》《山居笔记》《千年一叹》等。

第三节 小说

中国古代小说晚熟于诗歌、散文，略早于戏曲。先秦两汉时期的神话、寓言、史传、“野史”传说等都孕育着小说艺术的因素。从汉末至唐代以前，是中国小说初步形成的时期，形成了志人、志怪两大类别。唐代出现的具有成熟形态的文言短篇小说，标志着中国古代小说作为一种文学体裁已真正成熟。从宋代开始，中国小说文言、白话两条线索交互发展，它们既有各自的特点，又相互吸收。宋代以后，小说在中国文学史上所占的分量越来越重，地位也越来越高，出现了一大批风格独特、闻名中外文坛的优秀作家作品。

一、上古神话

上古神话是指中国夏朝以前直到远古时期的神话和传说，这些神话和传说形成了中国文学的源头。其中，盘古开天、女娲补天、大禹治水、后羿射日等神话故事，表现了远古先民对自然和社会现象的认

图 12-6 《山海经》中的精妖

识和美好愿望，这些神话故事大多保存在《山海经》里。《山海经》是中国古代地理神话传说著作，主要记述古代地理、物产、神话、巫术、宗教等，也包括古史、医药、民俗、民族等方面的内容。其中，还有不少脍炙人口的远古神话传说和寓言故事，为后世文学提供了丰富的题材和艺术形象。

二、魏晋南北朝小说

魏晋南北朝时期是中国独立小说创作的初始阶段。这一时期的小说主要是笔记小说，这是一种笔记式的短篇故事，出现于魏晋时期，其基本类型有志怪小说和志人小说两种。志怪小说源于原始宗教和神话传说，主要记述神灵鬼怪，反映了作者对人生根本问题的思考和探索，如小说集《搜神记》记录了古代民间传说中的神奇怪异故事。志人小说也被称为轶事小说，反映了人的自我意识和觉醒，如《世说新语》记录了魏晋名士的逸闻轶事。这些小说大多篇幅短小，情节简单，设想奇幻，为后世小说观念与艺术形式的发展奠定了基础。

三、唐代小说

唐代小说的题材大致可分为笔记小说和传奇小说两大类。所谓笔记小说是作者对所见所闻的记录，反映了唐代社会生活风貌。唐代传奇除了记述神灵鬼怪外，还大量记载人间的各种世态，生活气息浓厚。传奇小说的出现，标志着中国古代短篇小说的成熟。唐传奇文学成就突出，情节曲折，语言华美，富于文采与想象。名篇有元稹的《莺莺传》、白行简的《李娃传》等。唐代传奇对后代小说、戏曲及讲唱文学有较大影响。传奇体成为宋以后历代文言短篇小说的主要样式，即使在白话小说兴起后，仍有一定影响。

四、明清小说

明清时期是中国古典小说创作的黄金时代。据统计，仅明代长篇小说就有100多种，清代更是不计其数。明清小说重视细节的丰富和情节的曲折，描绘了多彩的人世画卷，反映了丰富的社会习俗。其中，《三国演义》《水浒传》《西游记》《红楼梦》被称为“四大名著”。

《三国演义》 《三国演义》是中国最有成就的长篇历史演义小说，作者是元末明初的罗贯中。这部小说主要描写了魏、蜀、吴三国之间在军事、政治上的种种斗争，反映了三国时代的历史巨变，塑造了一批个性鲜明的英雄人物。

《水浒传》 《水浒传》是一部描写农民起义的长篇英雄传奇小说，作者是元末明初的施耐庵。全书主要描写了宋江领导的梁山农民起义从兴起到失败的过程，深刻反映了当时“官逼民反”的社会现实，塑造了一批梁山好汉的形象。

《西游记》 《西游记》是著名的长篇神魔小说，作者是明代文学家吴承恩。小说以“唐僧取经”这一历史事件为蓝本，用浪漫主义的创作方法，描写了师徒四人历经万难去西天取经的神话故事。该书描绘了一个神奇瑰丽的幻想世界，塑造了唐僧、孙悟空、猪八戒、沙和尚等鲜明的艺术形象，妙趣横生，引人入胜。

图12-7 《西游记》中的孙悟空形象

《红楼梦》《红楼梦》是中国清代长篇小说，作者是清代文学家曹雪芹。小说以贾、史、王、薛四大家族的兴衰为背景，以贾府的家庭琐事为脉络，以贾宝玉、林黛玉、薛宝钗三人的感情和婚姻纠葛为线索，塑造了400多个栩栩如生的人物形象，写出了贾宝玉等许多人物的悲剧命运。该书被誉为中国古典小说的巅峰之作、中国封建社会的百科全书。

《聊斋志异》《聊斋志异》是清代小说家蒲松龄创作的文言短篇小说集。“聊斋”是蒲松龄的书斋名称，“志异”是“记述奇异的故事”的意思。小说采用浪漫主义的创作方法，通过描绘花妖狐魅和人类的恋爱故事，反映了明末清初广阔的现实生活，形成了独特的艺术特色。

五、现当代小说与代表作家

从1917年胡适发表《文学改良刍议》开始，到1949年中华人民共和国成立为中国现代文学时期。1949年以后的文学被称为中国当代文学。中国现当代文学在继承中国古典文学优秀传统的同时，广泛借鉴了西方的文学艺术，深刻地反映了社会现实。在这一时期，出现了一大批风格独特、闻名中外文坛的优秀作家，如鲁迅、茅盾、巴金、老舍、莫言、刘慈欣、曹文轩等。

鲁迅　鲁迅是中国伟大的文学家、思想家、革命家，是中国现代小说的开创者和奠基人。鲁迅以深沉的情感关注不幸的劳苦人民和底层知识分子的灵魂世界，以特殊的讽刺幽默手法揭露封建文化对人们思想的麻醉、扭曲，提出了改造国民性的主题。他的作品产生了很大的社会影响，已被翻译成50多种语言，成为中国，乃至世界珍贵的思想文化财富。鲁迅的《呐喊》《彷徨》两本小说集，既是中国现代小说的开端，也是中国现代小说成熟的标志，其中《狂人日记》《阿Q正传》《祝福》《孔乙己》等名篇家喻户晓。

茅盾　茅盾是中国现代文学的先驱者之一。他注重选择具有时代性的主题，通过对错综复杂的社会生活的描写，反映当时的社会现实，具有鲜明的时代感和理性分析色彩。在叙事方面，茅盾追求宏大而严谨的布局，采用网状型结构形式，擅长心理描写，注重对社会心理因素的探索。茅盾的小说集中体现了20世纪30年代中国社会小说的主要成就，《子夜》是茅盾的代表作，也是社会分析小说最典范的杰作。

巴金　巴金是一位热情的、创造力旺盛的多产作家。巴金的作品带有强烈的感情色彩，产生了重大的社会影响。他所创作的小说，有反映青年人追求理想和信仰道路的，如《新生》、"爱情的三部曲"（《雾》《雨》《电》）等；有揭露封建家庭制度的弊害、影射社会专制制度罪恶的，如《春天里的秋天》、"激流三部曲"（《家》《春》《秋》）等。

老舍　老舍是中国杰出的小说家、剧作家。老舍密切关注市民命运，运用幽默讥讽的笔法，塑造了一系列典型化的市民形象，语言通俗，具有鲜明、浓厚的京味色彩，被誉为出色的语言大师。老舍的代表作有《骆驼祥子》《四世同堂》等。这些小说完整、系统地塑造了市民形象的群体，构成了老舍的市民世界。

莫言　莫言是中国当代著名作家，他的创作受魔幻现实主义影响较大，将民间故事、历史与当代社会融合在一起，善于在小说中建构独特的主观感觉世界。此外，莫言的作品还充满乡土气息，表达了

“怀乡”又“怨乡”的复杂情感。他的代表作有长篇小说《红高粱家族》《蛙》，中篇小说《透明的红萝卜》等。2012年，莫言获得诺贝尔文学奖。

刘慈欣　刘慈欣是科幻文学作家。其作品继承了古典主义科幻小说节奏紧张、情节生动的特征，用看似平实的语言，渲染科学和自然的伟大力量。尽管他笔下有不少天马行空的科学幻想，但总能以工程师的思维方式使故事具备“现实性”。代表作有长篇小说《超新星纪元》《球状闪电》《三体》等。其中《三体》三部曲（《三体》《三体Ⅱ：黑暗森林》《三体Ⅲ：死神永生》）被认为是中国科幻小说的里程碑之作。2015年，刘慈欣的《三体》获第73届雨果奖最佳长篇故事奖。

曹文轩　曹文轩是儿童文学作家，其作品表达了对少年儿童生存状态和心灵世界的关怀。他以庄重忧郁的风格、诗情画意的意境、充满智慧的叙述方式，呈现给人们一个真善美的艺术世界。代表作有《草房子》《青铜葵花》《山羊不吃天堂草》《根鸟》等。2016年，曹文轩获国际安徒生奖。

六、网络文学中的小说

新媒体、新技术的出现，使得文学的写作与呈现方式也变得更加多元和便捷，极大扩展了人们的写作欲望和阅读体验。一批草根写手在网络上的迅速崛起，丰富了文学作品的来源和形式。

1995年文学网站“橄榄树”在中国诞生，1997年文学网站“榕树下”成立。经过20多年的发展，目前中国文学网站已经不胜枚举，拥有大量读者。

2002年，“起点中文网”开创网络小说付费订阅模式，中国网络文学的创作和建设进入产权规范和资本运作阶段，涌现出越来越多的文学网站和著名写手，读者也开始根据个人喜好选择下载作品。与传统文学相比，网络文学作品的市场价值越来越明显，出现了一批网红作家和众多优秀的网络文学作品。在庞大的网络文学群体中，小说是最主要的文学体裁。内容涵盖悬疑、科幻、言情、都市、青春、武侠、历史、军事等，有关注时代的现实作品，也有富于想象的浪漫之作，有长篇的经典之作，也有开拓新写法的创新作品，充分体现出网络文学的多样性、丰富性与拓展性。

随着移动终端的普及与发展，“指尖上的文学”成为网络创作的时尚，特别是手机的便利，进一步加速了网络文学创作与阅读形式的改变。和老牌的网络文学网站相比，基于手机阅读、创作的应用产品让人眼前一亮，短篇幅小说的创作无处不在，描写手法简洁明快，成为移动文学时代的典型特征。

网络文学从生根发芽到花繁叶茂经历了很短的时间，却已经深刻影响到人们的生活。一部分网络小说作品不仅受众广泛，而且成为影视作品改编的重要来源，如《盗墓笔记》《芈月传》《何以笙箫默》《花千骨》《琅琊榜》《翻译官》等热播影视剧均由网络小说改编而来。

2015年，由海宴网络小说《琅琊榜》改编的同名电视剧在中国持续热播，创下极高收视率。作品讲述了才冠绝伦的“麒麟才子”梅长苏，为平反多年冤案、扶持新君、振兴山河，以病弱之躯进行的一系列斗争。这部电视剧获奖无数，并先后在韩国、日本、非洲等国家和地区播出，是网络小说最成功的作品之一。

第四节 戏曲

戏曲是中国叙事文学与抒情文学两大传统融合的新品种，又是与传统表演体系结合的产物。

一、戏曲简史

中国戏曲起源于原始歌舞，是一种历史悠久的综合舞台艺术样式。它主要由民间歌舞、说唱和滑稽戏三种不同艺术形式综合而成，经过汉、唐几代的发展，至元朝形成比较完整的戏曲艺术。

先秦戏曲 在原始社会，民族聚居的村落产生原始歌舞，并随着氏族的逐渐壮大，歌舞也逐渐发展与提高。在许多古老的农村，还保持着源远流长的歌舞传统，如“傩戏”；同时，一些新的歌舞如“社火”“秧歌”等适应人民的精神需求而诞生。正是这些歌舞演出，造就出一批又一批技艺娴熟的民间艺人，并向着戏曲的方向一点点迈进。《诗经》里的“颂”，《楚辞》里的《九歌》，就是祭神时歌舞的唱词。

唐代戏曲 从春秋战国到汉代，在娱神的歌舞中逐渐演变出娱人的歌舞。从汉魏到中唐，又先后出现了以竞技为主的“角抵”(即百戏)、以问答方式表演的“参军戏”和扮演生活小故事的歌舞《踏摇娘》等，这些都是萌芽状态的戏剧。

《踏摇娘》是民间艺人根据社会生活中酗酒的丈夫虐待妻子的现象而编演的，曾在陕、豫、冀等地广泛流传，后进入宫廷，与《拨头》成为“鼓架部”中的节目之一。《踏摇娘》在唐代影响很大，其形象被民间艺人制成工艺品流传到西域。

宋金戏曲 戏曲形成的最初形式是杂剧。

所谓杂，是将各种技艺结合在一起的意思。杂剧最初的剧目之一《目连救母》，就是一个将各种民间表演结合在一起综合而成的节目。宋代的“杂剧”，金代的“院本”和讲唱形式的“诸宫调”，从乐曲、结构到内容，都为元代杂剧打下了基础。

《目连救母》：当时北宋都城开封的表演艺术家们以佛经中目连救母的劝善故事为契机，将民间的说唱、装扮、武术、杂技等表演艺术融合起来，在中元节表演，受到观众的欢迎。

元代戏曲　元代是中国戏曲文化发展的黄金时代，这时期，元代杂剧和宋元南戏成为两大类，其中，代表元代最高文学成就的是元杂剧。代表作家有关汉卿、王实甫、马致远、白朴等。南戏是南曲戏文的简称，它是在宋代杂剧的基础上，与南方地区曲调结合而发展起来的一种新兴的戏剧形式。

明清戏曲　明代戏曲包括传奇戏曲和杂剧。传奇戏曲因为从南戏发展而来，所以又称南曲戏文，是明代中国的主要戏曲形式。例如高明的《琵琶记》就是一部由南戏向传奇过渡的作品。这部作品的题材，来源于民间传说，比较完整地表现了一个故事，并且有一定的戏剧性，曾被誉为“南戏中兴之祖”。

明代中叶，传奇作家和剧本大量涌现，其中成就最大的是汤显祖。他一生写了许多传奇剧本，《牡丹亭》是他的代表作。与此同时，江南兴起了昆腔，出现了《十五贯》《占花魁》等戏曲剧目。明后期的舞台，开始流行以演折子戏为主的风尚。比较经典的折子戏有《牡丹亭》中的“游园”“惊梦”，《拜月亭记》中的“踏伞”“拜月”。

明末清初的戏曲作品多是写人民群众心中的英雄，如穆桂英、陶三春、赵匡胤等。这时的地方戏，主要有北方梆子和南方的皮黄。京剧是在清代地方戏高度繁荣的基础上产生的。在同治、光绪年间，出现了第一代京剧表演艺术家及不同流派的宗师，标志着京剧艺术的成熟与兴盛。

二、戏剧代表作品

关汉卿是元代杂剧的代表作家，与郑光祖、马致远、白朴一同被称为“元曲四大家”，居“元曲四大家”之首，对元杂剧和后来戏曲的发展有很大影响。关汉卿的作品主要有《窦娥冤》《救风尘》《望江亭》《单刀会》等。其中《窦娥冤》被称为中国十大古典悲剧之一，同时也是元杂剧四大悲剧之一，被称为“本色派之首”。

《窦娥冤》《窦娥冤》是元代戏曲家关汉卿的杂剧代表作，也是元杂剧悲剧的典范。该剧描写了一个弱小无依的民女窦娥，遭到坏人陷害，又被官府错判，最终含冤被杀的悲剧。该剧成功塑造了“窦娥”这个悲剧主人公形象，其中“六月飞雪斩窦娥”的情节堪称经典，后世甚至产生了“比窦娥还冤”的俗话。该剧是具有广泛群众基础的传统名剧，反映了广大人民伸张正义、惩治邪恶的愿望，约有 80 多个剧种都改编、演出过此剧。

《西厢记》《西厢记》是元代戏剧家王实甫的代表作。剧本描写了富家小姐崔莺莺与书生张生的爱情故事，歌颂了他们追求婚姻自由、反抗封建礼教的精神，表达了“愿普天下有情人都成眷属”的美好愿望。该剧曲词华丽优美，富于诗的意境，代表了中国古典戏曲语言艺术的最高成就。作为古典戏剧的现实主义杰作，《西厢记》对之后以爱情为题材的小说、戏剧创作影响很大。

《牡丹亭》《牡丹亭》是明代剧作家**汤显祖**的代表作，是中国戏曲史上浪漫主义的杰作。作品通过富家小姐杜丽娘和书生柳梦梅生死离合的爱情故事，宣扬了追求个性解放、爱情自由、婚姻自主的理想，批判了封建礼教对人们幸福生活的束缚。杜丽娘也成为中国古典文学中继《西厢记》中的崔莺莺之后出现的又一动人女性形象。

汤显祖是中国古代继关汉卿之后的又一位伟大的戏剧家。他与莎士比亚生活在同一时期，被称为“中国的莎士比亚”。日本学者青木正儿在《中国近世戏曲史》中，将他和莎士比亚并称为东西方交相辉映的两颗明星。

图 12-8　昆曲《牡丹亭》

《长生殿》 《长生殿》是清初剧作家洪昇的代表作。作者在广阔的社会、政治背景下，表现了唐玄宗李隆基和贵妃杨玉环的爱情悲剧，把历史剧的创作提高到一个新的水平。剧中片段被各种戏剧剧种改编，成为昆曲和京剧的经典剧目。梅兰芳饰演的京剧《贵妃醉酒》就是改编自《长生殿》。

> 孔尚任是山东曲阜人，孔子六十四代孙，清初诗人、戏曲作家。世人将他与《长生殿》作者洪昇并论，称“南洪北孔”。

《桃花扇》 《桃花扇》是清代剧作家孔尚任的代表作，是一部表现亡国之痛的历史剧。该剧通过文人侯方域和秦淮艳姬李香君的爱情故事，表现了从清兵进入山海关到康熙三年（1664）各地反清运动的历史，并总结了明朝300年亡国的历史教训，表现了丰富、复杂的社会历史内容。

思考与练习

一、填空

1. 中国第一部诗歌总集是________，共有305篇，也叫“诗三百”。

2. 东晋时期的散文名篇《桃花源记》的作者是________。

3. 明代剧作家汤显祖的代表作________，讲的是杜丽娘和柳梦梅在梦中相爱，经过生离死别，终成眷属的动人故事。

二、选择

1. 唐代出了很多伟大的诗人，后人给予他们很高评价，如“诗仙”指的是________，“诗圣”指的是杜甫。

A. 王维　　B. 白居易　　C. 杜牧　　D. 李白

2. 孙悟空是中国古典名著________中的人物。

A.《西游记》　　B.《西厢记》　　C.《水浒传》　　D.《三国演义》

3. 中国现代文学史上第一部成功的白话小说是《狂人日记》，其作者是________。

A. 老舍　　B. 沈从文　　C. 胡适　　D. 鲁迅

三、简答

1. 唐、宋、元、明清各时代的代表文学体裁是什么？

2. 请简要介绍一下《红楼梦》的主要内容。

第十三章

中国的艺术

中国艺术源远流长，门类众多，既为中国人的生活增添了色彩和乐趣，又是中国文化的重要组成部分，它以直观、生动的形式——书法、绘画、音乐、舞蹈、建筑、剪纸、刺绣等，蕴含着丰富的中国文化内涵。

第一节 书法、绘画

一、书法

汉字是中国人记录语言、书写历史的工具，在中国文化的发展和传承中起着重要的作用，同时也形成了一种独特的书法艺术。

中国的书法从甲骨文到金文、从大篆到小篆，再到隶书、楷书、草书、行书，各种形体逐渐形成，每个时期的书法都有自己的特点。例如，晋代书法流畅秀美，风流潇洒，表现出一种安静的美。晋代著名书法家王羲之被尊为“书圣”，他的《兰亭集序》被誉为“天下第一行书”。唐代书法严谨完整，气魄雄伟，具有一种力度美，代表书法家有颜真卿、柳公权，他们的楷书成就极高，被称作“颜筋柳骨”。宋代书法的风格有起有伏，沉着冷静，代表书法家有苏轼、黄庭坚、米芾和蔡襄。

> “颜筋柳骨”的意思是颜真卿的书法筋力丰满，气派雍容堂正；柳公权的书法偏重骨力劲健。所以有“颜筋柳骨”的称谓。

虽然不同时期书法的特点各不相同，但每一位书法家都离不开“文房四宝”——纸、墨、笔、砚。中国的很多地方都出产“文房四宝”，品种十分丰富，其中最著名的是宣纸、徽墨、湖笔和端砚。

宣纸是传统手工制品最杰出的代表，产地在安徽省宣城附近。它主要用青檀树皮和稻草做成，整个生产过程由一百四十多道工序组成。宣纸洁白，细密，均匀，柔软，吸水力很强，墨一落到纸上就能很快渗透进去，最能表现出中国书法和绘画的特点。宣纸存放很长时间都不会变色、损坏，还不容易被虫蛀，所以很多中国古代的宣纸字画保

图 13-1 “文房四宝”

存了几百年、上千年仍然完好无损。

安徽徽州生产的徽墨是中国最有名的墨，已经有一千多年的历史了。人们在制作徽墨的原料中加入名贵中药和香料，有的甚至还加入黄金，所以徽墨色泽黑润，香气芬芳，放置几十年后仍然可以使用。

“文房四宝”中的笔指毛笔。毛笔用动物的毛和竹子制成。中国最有名的毛笔是浙江湖州生产的湖笔。制作一支好的毛笔要经过七十多道工序，工人们从千千万万根羊毛、兔毛中一根一根地挑选，进行搭配后制成优质的毛笔，用来进行书法、绘画创作。

砚是磨墨的工具，在中国已经有三千多年的历史了，最著名的是端砚。端砚用广东肇庆市端溪出产的端石制成，它磨墨很快，而且磨出的墨不容易干燥或结冰。端砚不仅是文具，还是非常名贵的工艺品。2004年，中国首次进行端砚拍卖，其中的一块“中华九龙宝砚”卖出了200万元的高价。

古代中国文人的生活离不开“文房四宝”，离不开书法。而在当今中国，尽管普通人已经不再用“文房四宝”书写汉字，但书法成了一种艺术。无论是在城市的大街小巷还是在各地的风景名胜，无论是在每天的报纸刊头还是在春节的传统对联中，都能欣赏到多种多样的中国书法，它仍然是中国人日常生活的重要元素。

二、绘画

在新石器时代，制陶工人就开始用各种颜色在陶器上绘制动物和花纹图案，这是中国最古老的绘画创作。先秦绘画在一些古书中已有记载，周代的宫殿壁画，战国的漆器、帛画和青铜器纹饰等都体现了较高的艺术水平。秦汉时期绘画艺术空前发展，特别是汉代的墓室壁画和随葬的帛画，不但内容丰富，而且形象生动。

魏晋南北朝时期，由于佛教的流行，佛教绘画兴起。中国的四大石窟——敦煌莫高窟、云冈石窟、龙门石窟、麦积山石窟，保留了大量的壁画，艺术价值极高。这一时期的著名画家有顾恺之、张僧繇等，“画龙点睛”这个词最初就是形容张僧繇高超的绘画水平的。

传说张僧繇在一座寺庙的墙壁上画了四条栩栩如生的金龙，简直像真的一样。大家都称赞他画得好，但却发现四条龙都没有眼珠。张僧繇说：“给龙点上眼珠并不难，但是点上眼珠后这些龙就会飞走。”人们听了以后都觉得他在撒谎。被逼无奈，张僧繇只好提起画笔，刚点完第二条龙的眼睛，突然天上乌云密布，电闪雷鸣，两条龙飞向了天空。后来，汉语中用这个成语比喻说话或写文章时，在主要处用上关键性的一两句话，点明要旨，内容更加生动有力。

隋唐时期，无论是画的种类，还是绘画的技巧，都达到了较高的境界。这一时期，佛教壁画仍然流行，山水画、花鸟画已经比较成熟，出现了王维、张璪等著名画家。

五代两宋时期，中国绘画艺术进一步完善和成熟，宫廷绘画繁荣，画作数量迅速增加。北宋张择端的《清明上河图》是这一时期的代表作。

《清明上河图》高24.8厘米，长528.7厘米，描绘了北宋都城汴京在清明时节的繁荣景象，后人可以通过它了解当时的城市面貌和人民生活。

图13-2 《清明上河图》（局部）

元明清时期的文人画有突出发展，在题材上，山水画、花鸟画占据了绝对地位，而且画家开始将书法、题诗、篆刻等融入绘画。和西方画相比，中国画非常注重用墨和“留白”。各种颜色的使用不是中国画的重点，中国画常常会有一些空白的地方，留给看画的人想象，非常有韵味。在中国画中，诗作、书法、绘画、篆刻四种艺术常常集中在一张薄薄的宣纸上，这是中国文化的特色。

从内容上看，中国画可以分为人物、山水、花鸟三大类。人物画以人物形象为主体，描绘对象有宗教人物、仕女、肖像、历史故事等；人物画强调人物的神似，而不是形似。山水画以山川自然的景色为主体，非常讲究创造意境。花鸟画以花草、竹石和动物为主体，常见的描绘对象是梅、兰、竹、菊、松等植物和马、虎等动物。

第二节　音乐、舞蹈

一、音乐

中原音乐、四域音乐、外国音乐是中国传统音乐的三大主要来源，中国传统音乐是在三者的交流融合之中形成发展起来的。

中原音乐指的是以黄河流域为中心而发展起来的音乐，这是一种以汉族为主体的音乐文化。其中，殷商和西周时期的音乐文化具有代表意义。四域音乐指的是除中原音乐以外的中华大地各民族的音乐文化。其中，长江流域、珠江流域等地区，与黄河流域同为中华音乐文化的发祥地。中国音乐与外国音乐的交流由来已久。在汉代，伴随着佛教的传入，印度教音乐和天竺乐开始传入中国；隋唐时期，大量外国音乐的输入，不仅带来了外国乐曲，而且也带来了乐器、乐律和音阶方面的新因素。

（一）音乐简史

距今6700年至7000余年的新石器时代，中国人已经可以制造陶埙、骨哨等原始乐器。商代出现了磬、编钟等打击乐器。西周时期宫廷建立了完备的礼乐制度，确立了十二律的理论和五声阶名（宫、商、角、徵、羽）。

图 13-3　战国时期的曾侯乙编钟

秦汉时期开始出现“乐府”，专门搜集、整理、改编民间音乐，集中大量乐工在宴会、祭祀等场合演奏。汉代还兴起了鼓吹乐，它是中国民间最早的打击乐。隋唐时期，随着外域文化的传入，中原音乐与外来音乐相结合，产生了七部乐、九部乐等。唐代还出现了一些专门教授音乐的机构，如“教坊”“梨园”等。

宋、金、元时期，市民音乐兴起，人们聚集在“瓦舍”“勾栏”等娱乐场所，欣赏各种音乐形式。明清时期，音乐越来越丰富，弹词、鼓词、戏文、琴曲等各有特色。

“瓦舍”“勾栏”是中国宋元时期的民间艺术演出场所。

近现代时期，中国的戏曲音乐获得较快发展，也出现了各种器乐演奏的民间社团。在新文化运动的影响下，中国兴起了传播西洋音乐、改进国乐的活动，并建立了一些音乐社团，如“北大音乐研究社”“中华美育社”“国乐改进社”等。20世纪20年代，著名音乐家萧友梅在上海创建国立音乐院，这是中国正规专业音乐教育的开始。之后，中国音乐界涌现出刘天华、马可、贺绿汀、马思聪等一大批优秀的音乐家。

（二）器乐

中国民族器乐的历史悠久。从西周到春秋战国时期民间流行吹笙、吹竽、鼓瑟、击筑、弹琴等器乐演奏形式，涌现出师涓、师旷等琴家和著名琴曲《高山》《流水》等。秦汉时的鼓吹乐，魏晋时的清商乐，隋唐时的琵琶音乐，宋代的细乐、清乐，元明时的十番锣鼓、弦索，共同构成了丰富多样的演奏形式。

按照制作材料，中国传统乐器分为金、石、土、木、匏、革、丝、竹八种。金是金属做的乐器，如编钟；石指石头或玉石做的乐器，如磬；土指用陶土制作的乐器，如埙、缶；木指木制的乐器，如笙；匏指用葫芦制成的乐器，如竽；革指用动物皮革制作的乐器，如鼓；丝指用丝弦制成的乐器，如琴、瑟；竹指用竹子制成的乐器，如笛子、箫。

民族器乐有各种乐器的独奏，也有不同乐器组合的重奏与合奏。不同乐器的组合、不同的曲目和演奏风格，形成多种多样的器乐乐种，有独奏乐、吹打乐、锣鼓乐、丝竹乐等。

图 13-4　北京玉渊潭公园的民乐演奏会

中国的传统器乐名曲有《高山流水》《春江花月夜》《二泉映月》《十面埋伏》《阳关三叠》等。

（二）民歌

民歌是中国音乐的重要组成部分，它在劳动过程中产生，分为号子、山歌、小调等。号子是劳动歌的一种，伴随生产活动产生，人们在劳动的时候歌唱，节奏感很强。山歌产生于田野山涧，歌曲节奏往往比较自由，有类似于戏曲演唱风格的拖腔。小调主要流行于城市、乡镇之间，结构比较工整，常采用民间的一些传说、故事、风俗作为题材。

民歌是劳动人民的歌，古代劳动人民的地位比较低下，所以他们的歌也不被重视。中国古代的民歌已不可能完整再现，只有在古代文学著作中能够见到一些歌词。因为一直口头传唱，民歌没有曲谱，有了记谱法以后，劳动人民也很少使用它，直到19世纪末才有民俗学家用谱记录民歌。

中华人民共和国成立以后，政府有关部门对民歌进行了全面的、有计划的搜集、整理、记录和出版工作，与此同时，涌现出了大批优秀的民歌歌唱家。他们将具有时代感的新元素融入民歌，更符合听众的欣赏趣味，由此产生了一大批“新民歌”。近年来，中国的民歌演唱家还走出国门，将民歌艺术带给世界各国观众，使世界重新认识了中国民歌、中国音乐。

二、舞蹈

舞蹈起源于人类的劳动，在中国已有五千多年的历史。中国传统舞蹈表现的内容归纳起来有三种：一是各种劳动生产和生活，二是民间风俗，三是祭祀活动。

乐教指用音乐进行教育、教化。

原始社会的舞蹈是中国文化的基本形式之一，狩猎、战争、祭祀等活动都伴有舞蹈。周代舞蹈开创了中国古代雅舞的先河，代表了古代乐舞的正统。春秋战国时期，雅舞开始衰落，民间歌舞兴盛，并且“乐教”思想得到系统的发展，形成了乐舞美学思想。

两汉时期是中国舞蹈繁荣的时代。经过儒家的乐舞教育，周朝的雅乐等庙堂乐舞以法定的地位确立下来。与此同时，汉代世俗乐舞也得到了极大的普及。

魏晋南北朝时期，中原舞蹈和西域舞蹈交流、互补，江南的民间歌舞十分兴盛，很多都被宫廷采用。这一时期继承了传统舞蹈，发展了歌舞戏，融合了民族舞蹈，为隋唐乐舞文化的新高峰打下了基础。

唐代舞蹈文化灿烂辉煌，达到了艺术的顶峰。唐代将隋朝传下来的“九部乐”增加到十部。唐高宗的时候，又根据特点和形式分为“坐部伎”和“立部伎”两大部。“坐部伎”规模小，人数少，多在室内演出；“立部伎”规模大，人数多，多在室外演出。后来，这两大类汇总为一套乐部——燕乐，燕乐的代表曲目是唐玄宗所作的《霓裳羽衣舞》，为世人称道，诗人白居易还写有描绘该曲目演出过程的诗篇《霓裳羽衣舞歌》。唐代的民间歌舞戏也比较繁荣，并且进一步完善和丰富各种乐舞机构，舞蹈成为传播中国文化、吸收异域文化的载体。

宋代以后，古典舞蹈逐渐被新兴的戏曲舞蹈所代替。元、明、清时期，由于戏曲的兴盛，中国舞蹈出现衰退的迹象，大多数时候只是作为戏曲的表现手段出现，许多民间舞蹈直接变成了地方戏。整体上看，舞蹈性降低了，戏剧性增强了。

清末民初，中国出现了半职业性的民间艺人，他们流入大城市以卖艺为生，聚集在如北京的天桥、南京的夫子庙、上海的徐家汇、开封的相国寺等地方，每逢喜庆佳节或迎神赛会，都演出民间舞蹈。民间舞蹈进入游艺场所，出现了迎合市民趣味的表演，改变了它的自娱性质，促进了舞蹈技艺的提高。

20世纪20年代以后，受新文化运动的影响，中国开始出现以反映现实生活为特征的新舞蹈艺术，出现了专业舞蹈家和舞蹈团体，外国舞蹈文化进一步传入中国。抗日战争时期，一些从国外留学回来的舞蹈家投身于抗日战争，把舞蹈艺术与抗日宣传相结合，创作出一批在当时广泛流行的舞蹈作品。

1949年中华全国舞蹈工作者协会成立，这是中国有史以来第一次建立舞蹈工作者自己的组织。从20世纪50年代开始，全国各地以及人民解放军都相继建立了专业歌舞表演团体，如中央歌舞团、中央民族歌舞团、中国人民解放军总政治部歌舞团（2016年更名为中国人民解放军歌舞团）、中央芭蕾舞团、东方歌舞团等。1954年中国第一所专业舞蹈学校在北京创办，即北京舞蹈学院。

中国政府重视各民族的民间舞蹈的收集和整理，不分雅俗，推陈出新，因此大量民间舞蹈都以崭新的面貌出现。同时，外国民族民间舞蹈及各流派的芭蕾、现代舞等舞蹈形式也陆续进入中国。作为独立的剧场艺术，中国舞蹈日益完善、成熟、繁荣。

古典舞、民间舞、芭蕾舞、现代舞、当代舞构成了中国舞蹈文化的格局。其中，涌现出了《扇舞丹青》《雀之灵》《采茶扑蝶》《白毛女》等一批优秀的代表作，中国残疾人艺术团21位聋哑姑娘表演的舞蹈《千手观音》更是令人震撼。中国舞蹈艺术人才辈出，如戴爱莲、白淑湘、刀美兰、杨丽萍等，受到广大观众的喜爱。

图 13-5　舞蹈《千手观音》

第三节　传统建筑

根据不同的用途，中国的传统建筑可以分为居住类、礼制类、宗教类、园林类四种。

一、居住类建筑

居住类建筑包括宫殿和民居两大类。

中国的宫殿建筑，无论是规模还是质量，都是令人惊叹的。宫殿都是建筑群体，都有一条南北方向的中轴线，主要的建筑物前后排列在中轴线上，次要的建筑物左右对称分布在两边。一般来说，进门以

图 13-6 北京故宫航拍图

后，前面是皇帝处理政务的大殿，后面是居住、休息、游玩儿的地方。中国现存规模最大、最完整的宫殿建筑群是北京的紫禁城，也就是故宫。

由于中国地域辽阔，各地的地理、气候、人文都有很大差别，所以形成了风格多样、各不相同的传统民居样式。

北方地区民居的基本样式是四合院。四合院是由东、西、南、北四面的房子围建起来的一种封闭式住宅。四合院一般用砖或土坯建成，门窗都朝院内开启，与外面隔绝，分为前后两院，有的还有花园。

在北方的黄土高原一带，人们就地取材，在土崖壁上开凿住宅，这就是窑洞。人们在窑洞内壁砌砖或石头，防止泥土崩塌。窑洞建造方便，冬暖夏凉。

中国北方的游牧民族，往往依水草而居，流动性很强，所以大都居住在便于拆装、携带的蒙古包中。

在中国南方的福建、广东、广西等地，有一种非常独特的民居样式——土楼，也叫“土围子”。这种民居很像堡垒，从外面看是圆形或者方形的，用一两米厚的土墙和外界隔开，墙上只留几个小洞用来瞭望，门窗都向里开。因此，土楼的自我保护性非常强。

二、礼制类建筑

中国的礼制类建筑主要是坛庙。中国古人重视对天地万物、祖先神灵的祭祀，所以专门修建了用以祭祀的坛庙。皇家祭祀坛庙的规模最大、水平最高。现存最具代表性的是北京的坛庙，它是一个整体构成：天坛在南，地坛在北，日坛在东，月坛在西，太庙和社稷坛在城中央。天坛的面积是同时期紫禁城的三倍多，皇帝每年在这里祭天，祈求来年风调雨顺、天下太平。

中国民间也有很多祭祀祖先、纪念先哲的祠堂、祠庙，人们在这里祭祀祖先，讨论宗族的事情。祠堂建筑一般要在村子里最好的位置，比普通民宅高大、漂亮，是家族的象征。

三、宗教类建筑

宗教类建筑的主要形式是寺庙和道观。

寺庙是佛教信徒活动的中心。中国寺庙的修建在南北朝时期达到顶峰，大大小小的寺庙遍布中国的每个角落。中国著名的寺庙有白马寺、少林寺、法门寺、布达拉宫等。山西五台山南禅寺的大殿，是现存最早的木结构建筑。

道观是道教信徒活动的中心，其代表有长春观、明道观等。此外，在中国还有众多清真寺、教堂等。宗教类建筑很好地保存了中国各个朝代的历史文物，在国家公布的全国文物保护单位中，寺庙及相关设施约占一半，被人们称为“历史文物的保险库”。

四、园林类建筑

中国园林集居住、观赏、游览等于一体，使人精神愉悦，体现了人与自然的和谐。中国园林主要分为皇家园林和私家园林两种。

承德避暑山庄建造于18世纪初，占地564万平方米，由皇帝宫室、自然园林和寺庙群组成，是中国现存最大的皇家园林。

皇家园林除供帝王休息、游乐以外，还可供帝王长期居住、处理朝政、召见大臣等，是一个多功能的处所。皇家园林大多根据自然山水改造而成，风景优美、规模宏大、气势雄伟，园中的建筑高大豪华、富丽堂皇、雍容华贵，可以说是集天下美景于一地。中国历史上规模最大的皇家园林是圆明园，可惜在1860年被英法联军烧毁。现存的皇家园林代表有颐和园、承德避暑山庄。

私家园林是为解决园居休闲生活而建造的，一般为“宅加园”型，也就是住宅和园林在一起。中国的私家园林主要集中在苏州、扬州、杭州等地，多为文人、富商、官员修建。私家园林非常小巧，在有限的空间里把房屋、假山、奇石、花草、水流等组合在一起，精致巧妙地创造出可游、可观、可居的城市山林。苏州园林是私家园林的典型代表，著名的有拙政园、狮子林、留园等。

图 13-7　苏州园林

五、中国传统建筑的特点

中国古代建筑反映了中国人的审美意识和文化观念，具有鲜明的民族特色。

中国传统建筑以木结构为主，使用木材作为主要的建筑材料。木结构建筑建造起来比较方便，防震效果也不错，但不如砖瓦、石头结构牢固，而且木头怕火，怕潮，怕虫蛀，所以古代建筑能保存到今天非常不容易，有很高的价值。

中国传统建筑重视组群整体和平面布局，不会单一出现，都是成组成群的。每一个建筑组群至少有一个庭院，多的有几个或几十个庭院，按照左右对称的原则布局，一般是房屋在四周，中心为庭院。

中国传统建筑善于运用艺术手段，增强艺术效果。由于使用木结构，建筑的屋顶往往显得比较笨拙，中国古人把屋顶四个角处理成上翘的样子，显得很灵巧，这就是飞檐。中国古人还善于用青、绿、朱等颜料画出色彩绚丽的图案，增加建筑物的美感。

第四节　非物质文化遗产

根据联合国教科文组织《保护非物质文化遗产公约》中的定义，“非物质文化遗产指被各群体、团体或有时为个人视为其文化遗产的各种实践、表演、表现形式、知识和技能及有关的工具、实物、工艺品和文化场所。”非物质文化遗产的范围包括：口头传统，以及作为文化载体的语言；传统表演艺术（含戏曲、音乐、舞蹈、曲艺、杂技等）；民俗活动、礼仪、节庆；有关自然界和宇宙的民间传统知识和实践；传统手工艺技能；与上述表现形式相关的文化空间。

自2001年中国昆曲被列入人类非物质文化遗产代表作名录以来，截至2017年，陆续列入人类非遗名录的中国项目已达39项，中国也成为目前世界上拥有世界非物质文化遗产数量最多的国家。为使中国的非物质文化遗产得到规范化的保护，中国政府分别于2006年、2008年、2011年、2014年命名了四批国家级非物质文化遗产名录。

一、剪纸

在中国，剪纸具有广泛的群众基础，是民众生活和民俗活动的重要组成部分。

剪纸是一种镂空艺术，用剪刀或刻刀在纸上剪刻成各种各样的图案和花纹，如窗花、门笺、墙花、顶棚花、灯花等，每逢过节或新婚喜庆，人们便将美丽鲜艳的剪纸贴在家中窗户、墙壁、门和灯笼上，节日的气氛也因此被烘托得更加热烈。由于剪纸的工具和材料简易，方法容易掌握，有其他艺术不可替代的特性，因此这一艺术形式从古到今几乎遍及中国的城镇、乡村。人们用一把剪刀、一张纸，就可以尽情表达生活中的各种喜怒哀乐。

民间剪纸的内容非常丰富——既有寓意吉祥的双喜、葫芦、石榴等，又有日常生活中熟悉的家禽家畜、瓜果鱼虫等。其中，窗花是最具代表性的剪纸，贴在窗户上做装饰，在北方最为普遍。逢年过节，家家户户更换窗纸并贴上新窗花，寓意辞旧迎新。

2009 年，中国剪纸入选人类非物质文化遗产代表作名录。

二、刺绣

刺绣是中国民间传统手工艺之一，在中国至少有二三千年历史。

图 13-8　刺绣

它用针将丝线或其他纤维、纱线在绣料上穿刺，绣制各种装饰图案，分为丝线刺绣和羽毛刺绣两种。刺绣多为妇女所作，属于“女红”的一个重要部分，绣品常用于服饰、日用品及陈设品等。

苏绣、湘绣、蜀绣、粤绣被称为中国的四大名绣。

苏绣针脚细密、色彩淡雅、绣品精细，具有平、齐、匀、细、密等特点，题材以小动物为主，如《猫戏图》《风穿花》《鱼虾图》等，其中的双面绣作品技艺高超，是刺绣中的精品，如猫的眼睛，两面颜色不一样，引人入胜。

湘绣色彩明快，风格以写实为主，常用中国画作为背景，衬上相应的山水风景、亭台楼阁、飞禽走兽，最大的特点是绣出的图案生动、立体、传神。人们赞美湘绣“绣花能生香，绣鸟能闻声，绣虎能奔跑，绣人能传神”。

蜀绣构图简洁，大都采用方格、花条等传统的民族图案，色彩丰富鲜艳，针法严谨，富有装饰性。常绣的题材有花卉、蝴蝶、鲤鱼、熊猫等。

粤绣追求富丽堂皇、璀璨夺目，喜欢用金银线刺绣，绣线平整光亮，装饰性非常强，富有立体感。因此绣品常用于戏装、婚礼服等。荔枝和孔雀是粤绣的主要传统题材。

除了四大名绣，中国还有京绣、鲁绣、杭绣、汉绣、闽绣等地方名绣，少数民族如苗族、土家族、白族、壮族等也都有自己特色的民族刺绣，艺术价值都很高。上述刺绣已分四批被列入中国国家级非物质文化遗产名录。

三、泥塑

泥塑是一种传统民间手工艺，它用泥土作为原料，手工塑制成各种人物、动物形象，在民间俗称“彩塑”“泥玩”。泥塑发源于陕西省凤翔县，流行于天津、江苏、河南等地。

泥塑一般选择细腻有黏性的土作为基本用料，运用雕、塑、捏等手法，塑造出一个个形象，再经过调整、磨光、晾干，有的地方还要用火烧一下加强牢固度。泥塑素有“三分塑，七分彩”之说，也就是说颜色的绘制起着重要作用。一般在着色之前先上一层底色，以保持表面光洁、更好地吸收彩绘颜色，彩绘的颜料常用水胶调和，来加强颜色的附着力。

泥塑的材料天然而廉价，成品却精美生动，赢得了老百姓的青睐。中国的民间泥塑中，最著名的是天津“泥人张”和无锡“惠山泥人”。

天津“泥人张”彩塑是清朝道光年间发展起来的，至今已有180年历史。创始人张明山从小跟父亲靠捏泥人养家糊口，他常在集市上观察各行各业的人，并从绘画、戏曲、民间木版年画等艺术中吸收营养，一生中创作了一万多件作品。“泥人张”彩塑所用的材料是含沙量低、无杂质的纯净胶泥，适于室内陈设，一般尺寸不大，可放在案头或架上。

无锡“惠山泥人”相传已有400年的历史。自古惠山有“家家善塑，户户会彩”的说法，一到农闲季节，几乎家家都做泥人。惠山泥人分为粗货、细货两大类。粗货主要采用模具印坯，以吉祥祈福为题材，人物造型夸张、色彩对比强烈，主要作为儿童玩耍的玩具。细货以手捏为主，内容大多以戏剧题材为主，细腻精致、色彩艳丽，是人们家居的装饰品和送礼的佳品。

2006年，泥塑被列入第一批中国国家级非物质文化遗产名录。

四、木版年画

年画就是过春节时张贴的画，是春节的重要象征，其文化价值和艺术价值，使它成为反映中国民俗生活的百科全书。春节来临之际，家家户户都把房院打扫得干干净净，在门窗、灶前、神龛上，贴上焕然一新的年画，既营造喜气洋洋的节日气氛，又借以祈福。中国的年画题材多达两千多种，有历史故事、神话传说、世俗生活、风景名胜、花鸟虫鱼等。

木版年画是以木版画形式制作的年画，用木版雕刻印刷画的轮廓，再由人工或套版上色。开封朱仙镇木版年画是中国木版年画的鼻祖，主要分布在河南开封朱仙镇及其周边地区，它用色讲究，色彩浑厚鲜艳，久不褪色，以传统技法构图，画面有主有次，情景人物安排巧妙，表现出对称的美感。

传统的木版年画线条单纯，色彩鲜明，大都是采用坚硬、细腻的木板雕刻后，刷上水墨，印在容易吸水的宣纸上。也可以用水性的彩色颜料，分多版刷印成彩色年画，通常可用五版。其中，最具代表性的有朱仙镇年画、桃花坞木版年画、杨柳青年画等。

图 13-9　杨柳青年画

由于木版年画印制方便，价格低廉，题材喜闻乐见，所以广受喜爱，成为中国民间逢年过节、婚庆喜事必不可少的内容。

2006 年，木版年画被列入第一批中国国家级非物质文化遗产名录。

思考与练习

一、填空

1. 在中国，笔、墨、纸、砚被称为“________”。

2. 中国现存规模最大、最完整的宫殿建筑群是________。

3. ________、湘绣、粤绣、蜀绣被称为中国的四大名绣。

二、选择

1. 中国古代名画《清明上河图》的作者是北宋画家________。

A. 顾恺之　　B. 张僧繇　　C. 张择端　　D. 苏轼

2. 中国的私家园林主要集中在________、扬州、杭州等地。

A. 苏州　　B. 上海　　C. 南京　　D. 广州

3. 截至 2017 年，中国的非物质文化遗产被列入世界非物质文化遗产名录的共有________项。

A. 38　　B. 39　　C. 40　　D. 41

三、简答

1. 中国传统建筑的特点是什么？

2. 请谈一谈你了解的中国非物质文化遗产。

第十四章

中国的习俗

中国地域广阔，民族众多，各民族、各地区形成了丰富多彩的民俗习惯。有节庆、礼仪、祭祀方面的，有饮食习惯、宗教信仰、民间崇拜方面的，也有婚姻、生育、丧葬方面的。这些习俗已经延续了数千年，其中一些逐渐演化为中华民族大家庭共有的节日和风俗，成为传统文化中非常重要的一部分，寄托了中国人对幸福安康、吉祥如意的美好生活的向往。

第一节　传统节日

中国传统节日作为中国悠久历史文化的重要组成部分，记录着中华民族丰富而多彩的社会生活文化内容。中国传统节日，承载着神话、传说、天文、地理、历法、习俗等人文与自然文化内容，有着丰富的内涵，表达了人们对美好生活的期盼。不同的节日有不同的内涵，有的源于原始崇拜，有的源于神话故事，有的受到宗教影响，有的为了纪念历史人物，等等。所有这些都融合凝聚在节日的内容里，产生了相应的礼仪规范与饮食文化。

中国是个多民族的国家，民族文化和生活方式异彩纷呈，民风民俗各具特色，各民族也都保留着自己的传统节日，如傣族的泼水节、蒙古族的那达慕大会、彝族的火把节、白族的三月街、藏族的藏历年和望果节等。这些都是中华民族宝贵的精神文化遗产。

汉族的传统节日主要有春节、元宵节、清明节、端午节、七夕节、中秋节、重阳节、冬至、腊八等。

春节　春节是中国最盛大、最热闹的节日，象征着团结、兴旺。在中国农历中，春节是新一年的开始，也被称为“新年”。中国人过春节已有4000多年的历史，它起源于殷商时期年末的祭神祭祖活动。春节时，人们贴春联，贴“福”字，放鞭炮，剪窗花，迎接新一年的来临。春节前一夜叫“除夕”，是家庭团聚的重要时刻，全

> 传说，古时有种叫“年”的怪兽，常在除夕出来伤人。但是“年”很怕红色、火光和巨大的响声，所以每年除夕，人们贴红对联，燃放鞭炮，以驱赶“年”。现在，由于鞭炮污染环境，很多大城市已经禁止燃放鞭炮。

家人欢聚一起，吃“年夜饭”，北方人要吃饺子，南方人则有吃汤圆、年糕的习俗。许多人整夜不睡，称“守岁”。第二天，大家便开始到亲朋好友家里“拜年”，相互祝愿，长辈还要给孩子“压岁钱”。春节期间，人们举行舞狮子、舞龙灯、划旱船、踩高跷等传统活动，热闹非凡。中国是个多民族国家，各民族过新年的形式各有不同。在有些地区，人们沿袭过去的祭祖敬神活动，祈求新的一年风调雨顺，平安丰收。

图 14-1　中国春节

元宵节　农历正月十五是元宵节，也叫“上元节”“元夕节”“灯节”。这是春节后的第一个月圆之夜，也是一元复始、大地回春的夜晚，人们对此加以庆祝，也是庆贺新春的延续。正月十五闹元宵，将从除夕开始延续的庆祝活动推向又一个高潮。元宵之夜，大街小巷张灯结彩，人们赏灯，猜灯谜，吃元宵，成为世代相沿的习俗。

元宵节赏灯始于东汉明帝时期。明帝提倡佛教，听说佛教有正月十五日僧人观佛舍利、点灯敬佛的做法，就命令这一天夜晚在皇宫和寺庙里点灯敬佛，让老百姓都挂灯，以后逐渐形成民间的节日。隋唐时发展成盛大的灯市，到宋元时期，灯市规模更大，人们可以通宵赏灯，猜灯谜，看戏曲表演等。

而今，元宵节更加热闹，很多城市举办灯会，展出各式各样的彩灯，场面很壮观。有的把谜语挂在彩灯上让人们猜，形成了一种独特的民俗文化。有些地方还有舞狮子、放烟火、踩高跷等娱乐活动。

元宵节吃元宵的习俗始于宋朝。元宵是把糯米面揉成球形，里面包裹味道不同的馅儿，象征着“团圆”。意在祝福全家团圆和睦，在新的一年健康幸福。

清明节 每年的4月5日前后为清明节。清明节是祭祀祖先和扫墓的日子。扫墓俗称“上坟”，是祭祀逝者的一种活动。汉族和一些少数民族大多在清明节扫墓。扫墓时，人们要将酒食果品供祭在亲人墓前，并为坟墓培上新土，折几枝嫩绿的新枝插在坟上，然后叩头行礼祭拜。

清明节时，天气转暖，春光明媚，草木吐绿，人们常常结伴到郊外春游，放风筝，荡秋千，古代叫“踏青”，因此清明节也叫“踏青节”。直到今天，清明节祭拜祖先、悼念已逝的亲人的习俗仍很盛行。

端午节 农历五月初五是端午节，又称“端阳节”“五月节”“重午节”等。端午节起初是驱邪防病的节日，因此，这天有喝雄黄酒、挂艾草的习俗。后来楚国的爱国诗人屈原在端午节这一天投江自尽，于是端午节就成了纪念屈原的节日，现在端午节的很多习俗都和屈原有关。每到这一天，民间有佩戴香袋、吃粽子、赛龙舟的习俗。香袋表示屈原的品德节操万古流芳；粽子原是人们扔给鱼的食物，是为了防止鱼损伤屈原的躯体，后成为节日食品；赛龙舟则表示人们争相划船去营救屈原。

图 14-2 赛龙舟

时至今日，端午节已不仅是中国人的隆重节日，也影响到了邻近诸国。有些活动如赛龙舟等，已得到新的发展，突破了时间、地域的界限，成为了国际性的体育赛事。

中秋节 农历八月十五为中秋节，这一天是一年秋季的中间，所以叫“中秋”。中秋节在中国是仅次于春节的第二大传统节日。这一天月圆桂香，人们把圆月看作大团圆的象征，要备上各种瓜果和熟食品，全家人一起赏月。在古代，每到中秋，人们就用精制的糕饼祭奉月神，祭奉之后，全家人分吃，表示合家团圆欢聚。这种风俗一直流传到今天。中秋节这一天人们都尽可能和家人团聚，一起赏月吃月饼，所以中秋节又称“团圆节”。中秋节有“嫦娥奔月”等美丽的传说。中秋节的习俗很多，形式也各不相同，但都寄托着人们对美好生活的热爱和向往。

傣族泼水节 傣族泼水节在傣历六月下旬或七月初（即公历四月中旬）举行。节日清晨，傣族男女老少穿上节日盛装，而妇女们则各挑一担清水为佛像“洗尘”，求佛灵保佑。“浴佛”完毕，人们就开始相互泼水，表示祝福，希望用圣洁的水冲走疾病和灾难，换来美好幸福的生活。随着佛教在傣族地区影响的加深，泼水节成为一种民族习俗流传下来，其内容包括民俗活动、艺术表演、经贸交流等，具体节日活动有泼水，赛龙舟，浴佛，诵经和孔雀舞、白象舞表演等。2006 年 5 月 20 日，云南省西双版纳傣族自治州申报的傣族泼水节经国务院批准列入第一批国家级非物质文化遗产名录。

蒙古族那达慕大会 那达慕大会是蒙古族历史悠久的传统节日，是蒙古族人民的盛会，在每年七八月牲畜肥壮的季节举行，以表达丰收的喜悦之情。“那达慕”是蒙古语的译音，意为“娱乐、游戏”。大会期间，各地农牧民骑着马，赶着车，带着皮毛、药材等农牧产品，成群结队地汇集于大会的广场，并在会场周围的绿色草原上搭起白色蒙古包。那达慕大会上有惊险刺激的赛马、摔跤、射箭等比赛，也有争强斗胜的棋艺和引人入胜的歌舞。元、明两代，射箭、赛马和摔跤比赛结合到一起，组成男子三项，从此形成了那达慕大会比赛的固定形式。2006 年，那达慕大会经国务院批准列入第一批国家级非物质文化遗产名录。

彝族火把节 彝族火把节为彝族传统节日，在农历六月二十四，节期三天。火把节起源于古老的火崇拜，火是彝族追求光明的象征，其目的是期望用火驱虫除害，保护庄稼生长。火把节期间，人们要举行隆重的祭祀活动，祭天地，祭火，祭祖先，祈求六畜兴旺、五谷丰登。男女老少穿上节日的盛装，参加赛马、摔跤、竞舟、拔河、斗牛等各式各样的传统节日活动。该民俗经国务院批准列入第一批国家级非物质文化遗产名录。

白族三月街 白族大理三月街是白族人民的传统盛大节日，每年农历三月十五日开始在大理古城西举行。三月街期间，远至千里之外，近到邻县的商人、群众，都从四面八方赶来参加交易。市场上从药材、食品到家具、牲畜，应有尽有，它是滇西商品交易的最大聚集地。白族三月街发展到今日，不仅已成为涉及二十多个省市地区的物资交易会，而且还是大理各民族文化艺术交流、招商引资、技术合作等对外开放的重要集会。2008 年，大理三月街经国务院批准列入第二批非物质文化遗产保护名录，并荣获首届节庆中华最佳文化传承奖。

藏族雪顿节 雪顿节是西藏藏族的传统节日之一，在藏语中，“雪”是酸奶的意思，“顿”是“宴、吃”的意思，雪顿节按藏语解释就是吃酸奶的节日，因此又叫“酸奶节”。因为雪顿节期间有隆重热烈的藏戏演出，所以也被称为“藏戏节”。雪顿节每年藏历七月初举行，为期 4 ～ 5 天。传统的雪顿节以展佛为序幕，以演藏戏、看藏戏、群众游园为主要内容，同时还有精彩的赛牦牛和马术表演等。2006 年，雪顿节经国务院批准列入第一批国家级非物质文化遗产名录。

第二节 饮食文化

中国人自古注重饮食养生，素有“民以食为天”之说。在中国，饮食活动延伸到人们生活的各个方面，形成了源远流长、独具特色的食文化、茶文化和酒文化。随着社会发展，菜式越来越丰富，吃法也越来越多样。从解决温饱发展到“色、香、味”“滋、养、补”俱全的饮食艺术。除此之外，“吃”还是人们联系感情和社交活动的重要方式。

一、食文化

中国被称为“烹饪王国”，由于气候、地理、历史、物产及饮食风俗的不同，各地形成了不同的菜系。川、鲁、粤、苏四大菜系形成历史较早，后来，浙、闽、湘、徽等地方菜也逐渐出名，于是形成了中国的“八大菜系”，即鲁菜、川菜、粤菜、苏菜、闽菜、浙菜、湘菜、徽菜。每个菜系都有自己的特点。如鲁菜，即山东菜系，是影响最大的宫廷菜系，味浓，色重；川菜起源于四川、重庆，是民间最大菜系，特点是麻、辣；粤菜，即广东菜系，口味清淡，讲究鲜嫩；苏菜，即江苏菜系，用料多以海鲜、湖鲜为主。除此之外，每个地方还有自己的特色小吃。像北京烤鸭、天津“狗不理”包子、兰州牛肉拉面、重庆麻辣火锅、陕西凉皮、云南过桥米线等，数不胜数。

中国各民族都有自己的特色食品。如满族最盛大的宴席是满汉全席，蒙古族常用烤全羊招待尊贵的客人，维吾尔族习惯吃馕和大盘鸡，朝鲜族喜欢泡菜、冷面，回族爱吃油香和馓子等。

中国人的饮食习惯受地理条件、宗教信仰、节庆礼仪等的影响。如中国南方大都种植水稻，多以大米为主食；中国北方种植小麦，多以面粉为主食。汉族地区设宴一般还讲究“逢喜成双，遇丧排单，婚庆求八，贺寿重九”等传统食俗，反映出独具特色的人生礼俗。

图 14-3　满汉全席

在中国，请客吃饭还是一项非常重要的社交方式，人们往往在饭桌上谈买卖，做生意，习惯边吃边谈，饭吃好了，生意也就谈成了。

二、茶文化

中国人喝茶已有几千年的历史，以茶待客是中国人的一种习惯。中国人把“柴、米、油、盐、酱、醋、茶”称为“开门七件事”，可见茶在中国人的生活中占有很重要的位置。中国茶文化历史悠久，早在唐代，陆羽就写了一本关于茶的书——《茶经》。隋唐前后，中国种茶、制茶、煮茶、饮茶的方法传到了邻国，茶文化也传播到了这些国家。根据制造方法和茶叶品种的不同，中国的茶叶可以分为绿茶、红茶、乌龙茶、白茶、黄茶、黑茶六种，其中有代表性的名茶有西湖龙井、安溪铁观音、信阳毛尖等。

中国人喝茶很讲究，不仅茶叶要好，泡茶的器具和水也很重要，最理想的茶壶是紫砂壶，比较理想的水是天然泉水。中国各地有不同的喝茶、沏茶习惯。有些地方，喝茶时喜欢往茶里放些佐料，所以不少地方又称“喝茶”为“吃茶”。

茶文化的内涵非常丰富，不仅有茶艺、茶道、茶传说，还包含了诸多人生修养和民俗风情。就拿喝茶的礼节来说，当主人端上茶来，客人应立即站起来，双手接过茶杯，说声“谢谢”。在很多地方，当主人端上茶后，客人往往用食指和中指轻轻敲几下桌面，以示尊重和感谢。通常，放置茶壶时，壶嘴不能正对他人，否则有请人赶快离开之嫌。此外，在斟茶时，往往只斟七分即可，暗喻“七分茶，三分情”之意。

图 14-4　中国茶艺

三、酒文化

早在原始社会中后期，中国人就已经会用五谷粮食发酵进行酿酒。中国的名酒很多，以白酒为主，按口味分为酱香型、浓香型、清香型等，代表名酒有茅台、五粮液、汾酒等。另外还有黄酒、米酒、药酒等。

酒渗透于整个中华五千年的文明史中，渗透于从文学艺术创作、文化娱乐到饮食烹饪、养生保健等各方面，在中国人生活中占有重要的位置。

中国酒文化的核心要素是“礼”和“德”。

酒礼突出体现在古代酒宴上，其中一些礼仪、礼节延续至今。如中国大部分地区还保留“三巡”的习惯，无论待客还是朋友相聚，首先要通喝三杯；酒宴上晚辈或下级要主动敬长辈或上级酒，敬酒时，晚辈或下级在碰杯的时候，酒杯要低于对方，以示尊敬；又如酒桌新上的每一道菜都要首先转到主位等。“劝酒”是中国人敬酒的一种独特方式，很能活跃酒桌上的气氛，中国人的好客在酒席上发挥得淋漓尽致。中国人敬酒时，都希望对方多喝点儿酒，以表示自己尽到了主人之谊。这些其实都体现了中国酒文化的礼仪要素，酒桌上的长幼有序、尊老爱幼、以敬为礼、谦和礼让既是中国文化的体现，也是对中国文化的强化。

如今，酒广泛地融入了人们的生活，贴近生活的酒文化得到了空前的丰富和发展。如生日宴、婚庆宴、丧宴等以及相关的酒俗、酒礼，成为中国人一项重要的生活内容。

中国少数民族也有自己的酒和茶，如一些草原上的民族喜欢喝马奶酒，藏族人喜欢喝青稞酒，蒙古族人喜欢奶茶和酥油茶等。中国的饮食文化内容丰富，只有亲自去尝一尝，才能体会其中的美妙。

第三节　人生礼俗

中国地域广阔，民族众多，不同民族与地区都有自己的传统习俗。从孩子的满月、抓周，到成人的庆生、婚礼、丧仪等，不同时代、不同民族都有其自身的特点。“十里不同风，百里不同俗”，很多习俗都与民族、地域的信仰、环境、风土相关，表现出丰富多彩的差异性。

满月与抓周　在孩子的成长过程中，有两个仪式有着里程碑式的纪念意义，那就是满月和抓周。

对每个家庭来说，小孩儿满月都是一个非常值得纪念的高兴的日子。当小孩儿出生满一个月的时候，孩子的家人往往要招呼亲朋好友一起来庆贺孩子健康成长。大家一起热热闹闹地吃“满月宴”，亲朋送给孩子的礼品有小孩儿衣物、食品，或是项圈、脚环、手镯等辟邪的金银饰品，意在锁住小孩儿，免受灾难，健康成长。

在小孩儿满一周岁那天，家人要给他举行“抓周”仪式。抓周时人们一般在床上摆上文具、印章、首饰、尺子、食品、玩具、钱等，然后把小孩儿放在中间，让孩子自己去抓，看他先抓什么，后抓什么，以此来推测孩子的志趣、前途和将要从事的职业。如果小孩先抓了印章，意思是他长大以后，一定官运亨通；如果先抓了文具，意思是长大以后很有学问；如先抓算盘，意思是将来善于理财。要是女孩儿先抓剪、尺之类的缝纫用具或铲子、勺子之类的炊事用具，则指长大善于料理家务。反之，小孩儿先抓了食物、玩具，也不能当场就斥之为“好吃”“贪玩儿”，也要被说成“孩子长大之后，必有口福”之类。总之，抓周表达了长辈们对孩子前途的美好祝愿。

图 14-5　抓周

关于十二属相的选用与排列，有很多种说法，其中一种认为是根据动物每天的活动时间确定的。

夜晚十一时到凌晨一时是子时，此时老鼠最为活跃。凌晨一时到三时，是丑时，牛正在反刍。三时到五时，是寅时，此时老虎到处游荡觅食，最为凶猛。五时到七时，为卯时，这时太阳尚未升起，月亮还挂在天上，此时玉兔捣药正忙。上午七时到九时，为辰时，这正是神龙行雨的好时光。九时到十一时，为巳时，蛇开始活跃起来。上午十一时到下午一时，阳气正盛，为午时，正是天马行空的时候。下午一时到三时，是未时，羊在这时吃草，会长得更壮。下午三时到五时，为申时，这时猴子活跃起来。五时到七时，为酉时，夜幕降临，鸡开始归窝。晚上七时到九时，为戌时，狗开始守夜。晚上九时到十一时，为亥时，此时万籁俱寂，猪正在酣睡。

属相与生日　十二属相是中国民间传统习俗中的一个组成部分。作为一种古老的民间文化，至今仍在影响着现代人的生活。十二属相也被称为“十二生肖”，由鼠、牛、虎、兔、龙、蛇、马、羊、猴、鸡、狗、猪12种动物组成，它与中国传统的“干支纪年法”一起构成了中国民间传统的纪年和计算年龄的方法。

中国人的本命年观念是生肖信仰中非常重要的一部分。汉族人的本命年是按照十二生肖循环往复推出来的，它与十二生肖紧密相连。一个人出生的那年是农历什么年，那么以后每到这一属相年便是此人的本命年，由于十二生肖的循环往复，每过12年，人们就要遇到自己的本命年，这样依次推出，人生本命年为12岁、24岁、36岁、48岁、60岁、72岁等，依此类推。一般认为第6个本命年也就是60岁的时候是很重要的，这是干支纪年的一个轮回。人60岁被称为“花甲”。在60岁生日这一天，人们会为过生日者举行庆祝活动，祝贺60大寿，通常寿星要吃长寿面，生日蛋糕上面一般会有桃子、松树、仙鹤等图案，象征着长寿、健康、吉祥。

婚庆习俗 在古代，婚期要讲究“黄道吉日”，即要选择一个好的日子。一般来说农历的双日，特别是有6、8等数的日子，结婚的人会特别多。结婚时，新娘要穿着表示吉祥喜庆的大红服饰，蒙着红盖头，坐在花轿里被抬到男方家中。中式婚礼最重要的部分是拜堂成亲，“一拜天地，二拜高堂，夫妻对拜”以后才能算作正式夫妻。

在传统婚礼中，夫妻要喝“交杯酒”，还要举行结发之礼。象征着百年好合、永不分离。“闹洞房”是婚礼中最热闹的节目，新郎、新娘的同辈亲友和新婚夫妇开各种玩笑，作为对新婚夫妇的一种祝贺方式，闹洞房图的就是高兴和热闹。

传统婚礼的很多仪式延续到了现代。现在人们结婚也要选个吉利的日子，由于长假的关系，选劳动节、国庆节、新年等节日举行婚礼

图 14-6 掀盖头

的也不少。中国地域广大，不同地方的婚俗不同，办婚礼的时间也不一样。比如说，北方人一般在中午办婚礼。在结婚当天上午，新郎由伴郎陪同到新娘家迎亲。家里都要贴红色或金色的双喜字，表示双喜临门、大吉大利的意思。新郎要与新娘一起吃饺子，然后一起到男方家中吃“宽心面”。新郎、新娘一般在中午12点前到酒店举行仪式。亲友在酒店门口迎接，送“喜钱”表示祝贺。新婚夫妇要向自己的同事、朋友赠送“喜糖”“喜烟”。婚礼仪式时，新婚夫妇表白爱意，交换婚戒，喝交杯酒，有的时候还会有一些助兴表演节目。婚礼仪式后，会有酒宴招待亲朋，新郎、新娘向客人一一敬酒，大家一起热闹地进餐，所以人们把参加婚礼说成是“喝喜酒”。在宴席中间，新娘一般换1～2套衣服，如新娘起先穿白色婚纱，随后换上色彩华丽的旗袍，甚至高贵的晚礼服，服装的色调以红色为主，象征着吉祥如意。随着时代的发展，也有很多人选择在教堂举行婚礼，或者在室外举行田园婚礼，但不管什么形式都寄托着人们对美好婚姻生活的向往。

中国不同地域、不同民族的婚俗有很大不同。在湘西、湘南一带有“哭嫁”的习俗，结婚的时候要哭，哭得好的话就会一生幸福。为此，姑娘们出嫁前要学习哭，还要会唱“哭嫁歌”。

丧葬习俗 中国传统丧葬文化非常讲究寿终正寝。旧时，人们以土葬为主。土葬时，要把尸体和随葬品放入象征长寿的松柏木制作的棺材中。每逢逝者忌日和清明节，人们要去上坟，为坟墓除去杂草，添加新土，在坟前点香，摆上食物和纸钱，表示对逝者的思念和敬意。

现在，城市丧葬习俗主要是遗体告别和开追悼会。前来吊唁的人一般赠送死者花圈，身着素装，佩戴白花和黑纱，在悲戚的哀乐声中，一一向遗体鞠躬致哀。现在，中国普遍采用火葬。

由于居住环境、生活方式、宗教信仰的不同，中国各地的丧葬方式也不一样。除了土葬、火葬习俗外，还有悬棺葬、水葬等。

思考与练习

一、填空

1. 唐代诗人王维《九月九日忆山东兄弟》诗中有一句“每逢佳节倍思亲”，这个佳节指的是农历九月九日的________节。
2. 中国古代婚俗中，新娘主要乘坐________出嫁。
3. 在中国，孩子的成长过程中有两个有着里程碑式的纪念意义的仪式，那就是满月和________。

二、选择

1. 每逢春节，家家户户都要挑选一副______贴于门框两边，为春节增添喜庆气氛。

   A. 灯笼　　B. 福字　　C. 春联　　D. 窗花

2. “麻、辣”是中国______的特色。

   A. 川菜　　B. 鲁菜　　C. 粤菜　　D. 湘菜

3. 中国人喝茶很讲究，不仅茶叶品质要好，泡茶的器具也很重要，________壶是最理想的泡茶器具。

A. 陶瓷　　B. 紫砂　　C. 铜　　D. 玉石

三、简答

1. 请简要介绍一下中国人过春节的习俗。
2. 请列出中国的八大菜系。
3. 十二生肖都有哪些动物？请至少说出6个。

第十五章

中国的体育

中国体育事业的发展源远流长，体育伴随着中国社会的发展而发展，不同时代的人都以体育活动的形式锻炼，娱乐。如今，体育健身在中国人的生活中越来越普遍。在中国各地的专业场馆、公园广场、街头巷尾，都能够看到男女老少参与各类运动项目。

第一节 传统体育

传统体育是中国体育的重要组成部分，许多优秀的民族传统体育项目，如武术、气功、舞龙、赛龙舟等，不仅能够锻炼身体，还有很高的艺术价值和丰富的娱乐、教育功能。

一、武术

武术是指打拳和使用刀、枪、剑、棍等兵器的技术。

中国武术种类繁多，体系庞大，包括各种器械、套路和对抗运动形式，其发展受到中国哲学、兵学、中医学和养生学，以及古代舞蹈的影响。武术既能养生保健，又能自卫防身，还具有很强的观赏性。人们常说“内练一口气，外练筋骨皮”，指的是武术的内家、外家之分：内家重在练气，统称“武当”；外家重在练筋骨，统称“少林”。

武术从格斗攻防技术中提炼出了踢、打、摔、拿、击、刺等动作，组成了武术套路，要求动作连贯、快速敏捷、节奏鲜明，而且意识、呼吸、动作必须和谐一致。真正的对打并不像电影里表演的那样拳来腿往，打上半天，往往只是几个回合就能分出胜负，例如流行于福建、广东一带的咏春拳，通常 6 到 8 秒就能分出胜负。

中国武术划分为拳术类、器械类、摔跤类。拳术类包括长拳、太极拳、南拳、形意拳、八卦拳、通臂拳等；器械类包括刀术、剑术、枪术、棍术四大主要形式；摔跤起源于中国古代的角力和相扑，现称为中国式摔跤。

图 15-1　少林功夫

中国武术不仅是一种格斗技能，更是一种博大精深的精神文化。中国功夫被视为中国文化的重要符号，kung fu（功夫）一词被写入了英文词典。

二、气功

气功是一种独特的健身术，在中国已有五千多年的历史。气功包括形、气、理三方面内容，主要讲究调整自然之气和先天之气和谐的关系，先天之气指的是天生的、循环在人体中的元真气。练功者通过控制意念、调整呼吸，实现身心和谐，达到锻炼身体、治疗疾病的目的。气功对陶冶性情也有很好的作用。

中国气功历史悠久，源远流长，流派众多，内容丰富，主要可分为动功和静功。动功的特点是强调与意气相结合的肢体动作，而静功则身体不动，只靠意识、呼吸的自我控制来进行。

从现代医学的角度看，气功锻炼是一种有利于身心健康的活动，经过反复训练，变成人体的条件反射行为。从心理学的角度看，气功主要是通过自我暗示，促使意识自我催眠，通过“心理—生理—形态”的方式，调整身心平衡，达到锻炼的目的。

目前，中国的健身气功活动站点已经达到 13000 多个，练习易筋经、五禽戏、八段锦等的人数超过 100 万人。

三、赛龙舟

龙是中华民族的象征。中国古人按照龙的样子造成木船，并取名龙舟。

赛龙舟是中国民间传统水上体育娱乐项目，是端午节的重要习俗。各地的龙舟大小略有不同，舟长一般二三十米，每艘船上约 30 名水手。比赛一般是在规定距离内，多人集体划桨，多条龙舟同时起航，在河面上你追我赶，以到达终点先后决定名次。龙舟上都备有锣鼓，专门有人负责敲打，比赛因而具有浓厚的竞争性和娱乐性。

在中国，尤其是南方水乡地区，赛龙舟一直是一项非常普遍的体育活动。1980 年，赛龙舟被列入中国国家体育比赛项目，并每年举行“屈原杯”龙舟赛。2010 年的广州亚运会上，赛龙舟被列为正式比赛项目。

四、放风筝

中国是风筝的故乡。风筝又叫纸鸢、纸鹞等，至今已有两千多年的历史。风筝是中国古代的重要发明之一，被称为人类最早的飞行器。传说春秋时期，著名的建筑工匠鲁班曾经做了一只木鸢飞上天空。后来，人们用纸代替木头，称为“纸鸢”。从汉代起，人们开始利用风筝测量距离和传递消息；唐代时，风筝传入朝鲜、日本等周边国家；到了宋代，放风筝逐渐成为一种民间娱乐游戏。

风筝一般用细的竹条扎成骨架，再糊上纸或绢布，用长线系起来，利用风力升入空中。放风筝需要耐心和技巧，不需要太多体力，所以男女老少都非常喜欢。

一年一度的山东省潍坊市国际风筝节，吸引了大批中外风筝爱好者及游人前来观赏、竞技和游览。

五、扭秧歌

扭秧歌是一种极具特色的民间舞蹈，主要流行于中国北方广大地区，代表性的有东北秧歌、陕北秧歌、河北秧歌和山东秧歌等。它是农民插秧时进行的一种歌咏活动，起源于农业生产劳动，将锣鼓伴奏、舞蹈、歌唱等融为一体。人们扭秧歌时，手拿扇子、手帕、彩绸等，踩着锣鼓点，口中唱着歌词，步履轻盈，边扭边舞。这种活动的难度不大，动作简单，诙谐有趣。

由于简单易行，扭秧歌适合不同年龄的人参与，尤其受到中老年妇女的喜爱。扭秧歌不仅可以锻炼关节、肌肉、骨骼，增强心肺功能，最重要的是让人身心愉悦，心态放松。直至今天，它仍然是中国百姓在节日、集会时表演的主要节目之一。

第二节　竞技体育

竞技体育是一种制度化、体系化的竞争性体育活动。它以打败竞争对手为目标，在比赛中最大限度地发挥运动员的能力，追求运动成绩最优化。竞技体育项目有统一的国际性规则，因其激烈的对抗性、丰富的娱乐性和观赏性，拥有众多的爱好者。

1949 年以来，中国运动员在世界竞技赛场上屡创佳绩，成为世界体坛一支令人瞩目的力量。中国竞技体育的不断发展得益于日渐完善的竞技体育训练体系——以青少年业余体校和基层体育俱乐部为基础，以省、自治区、直辖市运动队为骨干，以国家运动队为最高层次。这一训练体系使中国优秀的运动员常年保持在 2 万人左右，成为中国体育和世界体育的主力军。经过几十年的发展，中国的竞技体育从青青嫩苗渐渐长成参天大树，并结出了累累硕果，形成了乒乓球、女排、跳水等一系列项目优势，在田径、网球、冰雪等相对较弱的项目上也取得了飞跃式的进步。

一、乒乓球

乒乓球是中国群众基础最广泛的竞技体育项目。它对场地要求低，参与性强，是一项健体、健脑又健心的全身运动，相对于足球、篮球等运动，它没有直接的身体对抗，自己可以控制运动量，非常有利于普及，因此受到中国人的普遍喜爱。在中国的大部分地方，大到综合性体育场馆，小到街道中的全民健身公园，都不难找到乒乓球爱好者的身影。

乒乓球也是中国取得世界冠军最多的运动项目之一。1959 年，容国团在第 25 届世界乒乓球锦标赛中获得了男子单打冠军，成为中国体育史上的第一个世界冠军。截至 2017 年，中国乒乓球队已经获得了 213 个世界冠军，并且常常出现包揽某项赛事所有冠军的现象。因此，乒乓球虽然起源于英国，但最终在中国成就斐然，成为中国的“国球”。

中国拥有健全的乒乓球运动员培养机制，被称为金字塔工程——从 1 亿人的塔底基础，到最后只有几十人的国家队，中间需要经历层层严格的选拔，每位获得冠军的运动员都经历了无数磨难和艰辛。这使得中国乒乓球队被称为“王者之师”，集中了全世界最顶尖的乒乓球高手，以至于很多球迷开玩笑说：获得乒乓球世界冠军并不难，获得全国冠军才是真英雄。在中国乒乓球国家队中，世界冠军和奥运冠军层出不穷，邓亚萍、刘国梁、孔令辉、王楠、马龙、张继科等都曾经为中国多次争得荣誉，成为体育界的“全民偶像”。

二、排球

一说到排球，恐怕所有中国人都会不约而同地首先想到中国女排。中国女排即中国国家女子排球队，是中国成绩最为突出的体育团队之一，曾在 1981 年和 1985 年世界杯、1982 年和 1986 年世锦赛、1984 年洛杉矶奥运会上夺得冠军，成为世界上第一个“五连冠”，又此处的三大球指篮球、足球、排球。

在2003年世界杯、2004年奥运会、2015年世界杯、2016年奥运会四度夺冠，共九度成为世界冠军。中国女排是中国“三大球”中唯一一个拿到世界冠军奖杯的队伍。

20世纪80年代中国女排夺得五连冠之后，女排姑娘们无私、团结、坚强、爱国的精神鼓舞了国人，“女排精神”成为一种社会文化符号，在30多年间经久不衰。每逢中国女排进行重大比赛，人们都会守在电视机旁观看女排姑娘们一次又一次跳起、进攻、防守，这种不抛弃、不放弃的精神，影响了中国的各个行业。尽管女排队员换了一批又一批，但“女排精神”一直被中国人赞扬和关注，堪称中国体育精神的名片。

三、跳水

在中国的竞技体育项目中，能够称誉世界的除了乒乓球自然就数跳水。中国女子跳水队和男子跳水队都是当之无愧的“无敌之师”，在中国代表团参加过的历届奥运会上都夺得过金牌，自参加亚运会以来连续11次包揽金牌，超过百枚世界金牌的辉煌战绩让中国国家跳水队成为世人心目中的“梦之队”。中国跳水队人才济济，涌现出不少明星，例如被称为“跳水皇后”的伏明霞、郭晶晶、吴敏霞等。

除了上述体育项目以外，羽毛球、体操、举重、射击等也都是中国体育的强项。中国的竞技体育开始向全面化、多元化发展，涌现出众多优秀的教练员和运动员人才。“体操王子”李宁曾14次获得世界冠军，共获得106枚金牌；“中国飞人”刘翔打破了保持11年的男子

110米栏世界纪录，成为第一个获得奥运会田径男子短跑项目冠军的亚洲人；“全球特奥大使”姚明是最出色的篮球运动员之一。

四、中国与奥林匹克运动会

奥林匹克运动会是人类历史上最悠久、最盛大的体育赛事，中国与这个集光荣和梦想于一体的体育盛典已有百年之缘。

中国参加奥运会的历史可以追溯到1939年，但由于种种原因，中国运动员一直没有取得好的成绩。1979年，中国在国际奥委会的合法席位得以恢复，重新回到奥运大家庭的怀抱。1984年洛杉矶奥运会，中国选手许海峰在男子自选手枪比赛中为中国夺得首枚奥运会金牌。

2001年7月13日，北京获得了2008年第29届夏季奥运会的主办权，举国上下一片欢腾，中国人终于圆了一个世纪的奥运梦想。

2008年8月8日至24日，来自204个国家和地区的1万余名运动员来到北京。传递友谊与和平的“福娃”、富有传统文化底蕴的祥云火炬、充满现代活力的中国印，向世界各地的人们展示了传统与现代交融的中国魅力。北京奥运会以良好的组织、周到的服务、一流的设施，赢得了国际社会的高度评价，在奥林匹克史上留下了辉煌的一页。

“福娃”是北京2008年奥运会的吉祥物。福娃是五个亲密的小伙伴，形象分别来自鱼、大熊猫、奥运圣火、藏羚羊、京燕，名字分别叫作贝贝、晶晶、欢欢、迎迎、妮妮，连在一起谐音就是“北京欢迎你”。

在北京奥运会的37个比赛场馆中，最引人注目的是国家体育场——“鸟巢”和国家游泳中心——“水立方”。“鸟巢”是2008年北京奥运会主体育场，它由一系列辐射式钢状结构旋

图 15-2 “鸟巢”夜景

> “水立方”没有使用一根钢筋、一块混凝土，都是用细钢管连接而成的，3000多个膜结构气枕像皮肤一样包住了整个建筑，与玻璃相比，气枕可以透进更多的阳光和空气。

转而成，结构简洁，设计新颖。“鸟巢”能容纳观众10万人，承担奥运会开、闭幕式任务，并举行田径、男子足球决赛等重要比赛。距离“鸟巢”一千米的国家游泳中心“水立方”，是一个像水一样的半透明场馆，凭借其新颖的设计成为人们关注的热点。“水立方”由5个游泳区组成，有1.7万个席位，承担游泳、跳水、花样游泳、水球等比赛任务。

北京奥运会后，中国政府规定每年的8月8日为“全民健身日”，这极大地促进了中国国民身体素质的提高以及群众性体育的发展。

2015年7月31日，北京携手张家口获得了2022年冬季奥林匹克运动会的举办权。

第三节　太极拳、麻将与棋类

中国的许多传统体育健身项目都拥有良好的群众基础，与中国政府积极倡导的全民健身相互促进，互为补充，构成了完备的体育健身体系。

一、太极拳

“太极”一词出自于《周易》，有至高、至极、绝对、唯一的意思。太极拳是中国武术的代表之一，源于河南省温县陈家沟，至今已有三四百年的历史。它综合了历代各家拳法，结合了道家的养生术、阴阳与经络学说，吸取了古典哲学和传统的中医理论，内外兼练，动作柔和，缓慢，舒展，连贯，轻灵，优美。它要求用意念引导身体，意念、气息、身体三者要协调配合，讲究以静制动、以柔克刚。太极拳有陈式、杨式、孙式等多种流派。

中华人民共和国成立后，为了推行简易的太极拳套路，1956 年在杨式太极拳的基础上，去掉复杂和重复的动作，编成“24 式简化太极拳”。1979 年又在此基础上，吸取其他各式太极拳之长，编成“48 式简化太极拳”。

简易太极拳对太极拳的传播和普及起到了重要作用，不仅在国内蓬勃发展，而且走出国门，在世界上广为传播，成为世界上参与人数最多、最受人们喜爱的武术运动和健身活动之一。据统计，全世界的太极拳练习者和爱好者多达 3 亿人以上。

图 15-3　太极拳

2006 年，太极拳被列入中国第一批国家级非物质文化遗产名录。

二、麻将

麻将是一种四人骨牌游戏，起源于中国，有三四千年的历史，原本是皇家贵族的游戏。在长期的发展过程中，麻将渐渐从宫廷流传到民间，到清朝基本定型，流行于华人文化圈，不同地区的游戏规则稍有不同。

在古代，麻将大都是以骨面、竹子做成，可以说麻将牌实际上是一种纸牌与骨牌的结合体。它的基本打法简单，容易上手，但其中变化又极多，搭配组合因人而异，因此成为一种能吸引人的博戏形式。现在通用的麻将牌，一副为 144 张。

麻将运动不仅是一种具有独特东方文化特征的游戏，而且具有益智性、趣味性、博弈性，因而成为中华传统文化中的一个重要组成部分。麻将作为一种业余文化活动，在中国广大城乡十分普及，流行范围涉及社会各个阶层、各个领域，成为中国最具规模和影响力的智力体育活动之一，并在世界上很多国家都拥有大量的爱好者。

三、棋类

棋类运动属于二人对抗的智力游戏，在中国的普及程度非常高，以围棋和象棋为主，另外还有五子棋、弹棋等。

在古代，琴、棋、书、画被称为“文人四友”，是文人墨客必学的技能。其中的“棋”就是指围棋。围棋起源于中国春秋战国时期，至今已有三千多年的历史，后来流传到日本、韩国及欧美国家。围棋棋盘有纵横各19条等距离、垂直交叉的平行线，共构成361个交叉点；棋子分黑、白两色，均为扁圆形，有黑子181个、白子180个。围棋变化丰富，最大的特点是注重全局观念。在围棋比赛的过程中，为了获得长远的、全局的胜利，常常要放弃部分棋子，并经常出现反败为胜的情况。除此之外，围棋还可以锻炼人的计算能力、记忆力、判断力。

在中国，另一种代表性的棋类项目是象棋，它有32枚棋子，分为将（帅）、士（仕）、象（相）、马、车、炮、卒（兵）等七种，一般是黑红两色，棋盘有“河界”。象棋模拟战争的方式，由两人轮流走子，某一方的将（帅）被吃掉或是被困住，另一方就获胜。在古代中国，象棋被列为士大夫们的修身之艺。在当代中国，象棋更多地被看作是一种益智活动。1956年，象棋成为国家体育项目。由于用具简单，趣味性强，象棋成为中国最具有群众基础的运动项目之一，街头巷尾都能看到象棋爱好者们的身影。

象棋在长期的发展过程中，形成了全局和残局两种形式。全局即从完整的32枚棋子开始比赛，而残局则是模拟已经下了多步的棋盘，棋子数量也相对较少。与全局相比，象棋残局更加精妙有趣，一招一式之间往往就能决出胜负来，所以象棋高手常常在残局中展示水平，很多初学者也喜欢从残局开始练习。

2008年，围棋与象棋均被列入中国国家级非物质文化遗产名录。

思考与练习

一、填空

1. 放风筝是一项有益于身体健康的传统体育活动，一年一度的国际风筝节在中国的山东省________市举办。
2. 2008年北京奥运会的主体育场叫作“________”，能容纳观众10万人。
3. 中国古代称琴、棋、书、画为“文人四友”，其中的棋是指________。

二、选择

1. 赛龙舟是中国传统节日________的重要习俗。

   A. 春节　　B. 端午节　　C. 中秋节　　D. 元宵节

2. 在中国国家体育队中，被称为“梦之队”的是________。

A. 跳水队　　B. 乒乓球队　　C. 排球队　　D. 体操队

3. 太极拳的发源地陈家沟位于________省。

A. 陕西　　B. 山西　　C. 河南　　D. 河北

三、简答

1. 中国武术主要分为哪几类？

2. 乒乓球是中国群众基础最广泛的体育运动之一，原因有哪些？

第十六章

中国的民生

随着经济的发展，中国政府致力于和谐社会的构建，民生问题越来越受到重视，人们的生活水平不断提高，生活方式发生了巨大变化，无论是衣、食、住、行，休闲娱乐，还是消费方式，生活理念，都呈现出很多新特点。

第一节　衣、食、住、行

中国经济迅速发展，中国人的消费结构发生了显著变化。生活方式丰富多彩，生活质量明显提升，饮食讲究营养，穿着讲究时尚，住房更加舒适。

一、服饰的变化

旗袍是中国最具代表性的传统服装。它源于传统满族服饰，用丝绸、锦缎等布料制作，最能体现中国女性美，已超脱了一般意义上的服装而成为一种象征，是中国的国粹之一。

服饰的变化反映着时代的变化，中国人衣着服饰的变化，从一个侧面反映了中国社会和经济发展的真实轨迹。

图 16-1　旗袍

20世纪50年代到70年代，由于物资缺乏，每家每户都要凭布票买布，如果没有布票，即使有钱也买不到布。所以人们的衣服都是缝了又缝、补了又补还舍不得扔掉。衣服布料的颜色基本上只有蓝、灰、黑三种，非常单调。服装式样不分场合，不分性别，几乎是千篇一律。

20世纪50年代，因受苏联的影响，城市女性最流行的服装是布拉吉和列宁装，男装则一般以中山装为主。20世纪60年代初期，年轻女性都爱穿工装裤，男士大多穿蓝色或灰色的制服。60年代后期，最时髦的服装是草绿色军装；发型方面，很多人都留短发。70年代，随着科技的发展，耐穿、免烫的合成纤维布料（时称“的确良”）进入普通老百姓的家里。80年代，服装的色彩、款式更加多样化，面料和质地也发生了很大变化，人们开始追赶潮流，喇叭裤、蝙蝠衫、健美裤等，什么流行穿什么。90年代，中国服装实现了与世界同步，服装品牌专卖店大量进入中国。此外，服装款式大量增加，露脐装、吊带衫、松糕鞋等纷纷进入中国人的生活。

布拉吉是俄语“连衣裙”的音译。

列宁装因为苏联政治家列宁而得名，原本为男装上衣，在中国却演变成女装，特别受到政府机关女干部的欢迎。

进入21世纪，老百姓的衣着消费发生了很大变化，流行风格也向多样化发展。人们不仅可以在实体店选择适合自己的服饰，还可以通过网络了解世界的流行资讯，服饰的购买更加多元和便利。

二、饮食的变化

在中国，有一句俗话叫“民以食为天”，可见饮食在中国人生活中的受重视程度。同时，我们也可以通过饮食的变化，了解中国居民生活质量的变化。

20 世纪 50 年代初期，中国还没有完全解决温饱问题，居民生活比较贫困。直到改革开放前，物质一直比较匮乏，粮食、油、糖等都需凭票供应。

图 16-2　粮票

20 世纪 80 年代，随着中国经济的发展，人们的生活逐步从温饱走向富裕，餐桌上的食物越来越丰富。80 年代后期，粮油、副食品供应充足，基本能够满足人们的日常生活需要，中国政府逐步取消票证。中国家庭不再以粗粮食品为主食，细粮开始成为餐桌上的主角。同时，外国的快餐麦当劳、肯德基等进入中国市场，各种各样的饮料取代了配料单一的汽水。

进入 20 世纪 90 年代，种类丰富的食品开始占据商场和餐桌，大街小巷各种档次和风味的饭店随处可见。在本土美食快速发展普及的同时，各国美食也纷纷来到中国并进入民众家庭，中国人不出国门就可以品尝到世界各地的美味佳肴。

如今，人们不仅关注食品的色、香、味，而且更加关注食品的营养搭配和养生功能，绿色食品、养生食品越来越受到人们的欢迎。而如果被问到中国人最喜爱的食物，不管南方北方、男女老少，第一时间想到的很可能是火锅。火锅的烹调方法非常简单——用火烧锅、以汤导热、煮涮食物。人们围坐在一起，将各种佐料、各种菜肴融合在一起，不同选择、不同味道、不同食物之间的相互渗透体现出一种“中和之美”。在中国各地的街头巷尾，随处可见的火锅店和顾客盈门的场景，构成了团团圆圆的“火锅文化”。

图 16-3　火锅

三、住房的变化

20世纪50年代中国的住房是以砖瓦结构的平房为主，经过几十年的发展，在中国的城镇已经形成以单元楼、小高层、大高层以及别墅为主的住房格局。

50年代的中国，除了北京、上海等大城市有一些高楼外，城市住宅基本上以平房为主。60年代，随着人口增多，城市建设也加快了步伐。为了满足人们的住房需求，以2～4层为主的“简易楼”大量出现。虽然这些住宅的结构强度和建筑舒适度标准还不高，但在当时缓解了住房紧张的问题，独立厨房和独立卫生间开始进入城市普通老百姓的生活。此后的十几年人口增长加快，致使城市居民住房供需矛盾更加突出，三代人住十几平方米房子的现象普遍存在。

进入80年代，城市居民的居住条件有所改善，城市住房无论是质量还是功能设计，都更加人性化。在这个时期，住房是一种福利，职工可以根据参加工作时间的长短、职务的高低，以及婚姻状况分配住房。

90年代以来，中国的住房开始进行市场化改革，城镇居民自己购买住房的比例大幅提高，人们普遍住上了宽敞明亮的单元房，有的人还住进了小高层、复式住宅或别墅。尤其是近20年来，房地产业高速发展，买房子成为很多家庭的头等大事，人们改善住房条件的愿望陆续得以实现。

图 16-4 飞速发展的中国房地产业

四、交通工具的变化

20 世纪 80 年代以前，中国人的主要交通工具是自行车，中国因此有“自行车王国”的称号。上下班高峰时间，处处可见壮观的自行车流。随着私人轿车进入中国家庭，自行车已不再是唯一的交通工具。据统计，2017 年中国私人轿车拥有量超过 18695 万辆。与此同时，私人轿车的增多不仅造成交通拥堵，也带来了严重的空气污染问题，所以，中国政府在努力发展绿色环保汽车的同时，正在加大城市的公共交通设施建设，鼓励人们出行乘坐公交车、地铁等。2017 年，共享单车成为城市的一道风景线。

第二节　文化与休闲生活

一、公共文化

在任何一个国家，公共文化服务都是政府服务的重要内容。公共文化场馆的开放程度，反映着一个国家的文化高度。在相当长的一段时期，中国的公共文化体系不够完善，场馆开放程度和利用率都偏低，缺乏生机和活力。中国在《2010年政府工作报告》中首次提出：推进图书馆、博物馆、文化馆、美术馆免费开放，丰富人民群众的精神文化生活。

政府专门提供资金补助地方，各级公共文化场馆、文化设施于

图16-5　图书馆的小读者

2012年底已经基本实现全部免费开放。经过几年发展，由于政府投入的不断加大，现在的场馆设施先进，功能完善，环境优美，工作人员的服务专业，态度热情。目前在中国的大中小城市，无论男女老少都可以在免费开放的图书馆、博物馆、文化馆、美术馆等公共文化场馆中，找到适合自己的文化服务。

除了加大对公共文化场馆的硬件投入，形式多样的文化活动也是吸引人们走进公共文化场馆的重要因素。各种免费开放的文化活动，不但提升了城市的文化品位，还对国民文化素养的提升起到重要作用，让文化成为人们日常生活的重要组成部分。

2017年3月1日起，《中华人民共和国公共文化服务保障法》正式实施，公共文化服务成为各级政府必须承担的职责，尤其是农村群众的文化生活受到空前的重视，国家重点增加了农村地区公共文化产品供给，推动城乡公共文化服务的均等化。在不久的将来，中国的公共文化服务将成为一项“人人能参与、人人想参与”的活动，惠及每一个中国人。

二、旅游休闲

目前在中国，人们不再仅仅满足于衣、食、住、行等基本的生活需求，旅游休闲理念成为全社会的共识。

为满足人民群众日益增长的旅游休闲的需求，促进旅游休闲产业健康发展，国务院颁发《国民旅游休闲纲要（2013—2020年）》，指出：（将）大力推广健康、文明、环保的旅游休闲理念，不断促进国民旅游休闲的规模扩大和品质提升，提高国民生活质量。

由于交通业、餐饮业、住宿业等相关产业的发展，中国人出门旅游变得越来越方便。根据中国国家旅游局的调查数据，2016 年中国共有 45.6 亿人次旅游，国民在旅游上消费 4.66 万亿元，其中出境旅游为 1.22 亿人次，消费约 7600 亿元。旅游投资不断增长，旅游产业正在成为拉动经济增长的重要动力。

从时间上看，“黄金周”“长周末”等节假日往往是旅游的高峰时间，各地的旅游景点或名胜古迹常会出现游客爆满、人山人海的景象，但人们还是乐此不疲，愿意跟亲朋好友一起扎堆享受旅游的乐趣。即使在中国人最重视的全家团圆的春节，也有越来越多的人选择全家出门旅游，因此，春节也被称为旅游业的“黄金周”。

从旅游内容看，游览鉴赏、知识学习、文化体验、康乐疗养等类型普遍受到游客们的欢迎。无论是观光型旅游资源、度假型旅游资源、生态旅游资源，还是滑雪、登山、探险、狩猎等特种旅游资源，以及美食、购物、修学、医疗保健等专项旅游资源，都正在成为政府和社会大力加强和开发的旅游休闲项目。

从统计数据可以看出，近年来，中国出境游人数迅速增长，中国游客已成为拉动世界旅游业增长的重要指数，大大提高了当地旅游业的经济收入。以泰国为例，数据显示，2016 年到泰国旅游的中国内地游客达到 877 万人次，为泰国增加了 4392 亿泰铢、约合 856 亿元人民币的收入。截至 2017 年，已有 59 个国家和地区对中国游客实行免签、落地签，对中国团队游客开放的旅游目的地国家和地区已经超过 100 个。旅游增强了中外民众间的交流，让中国人更好地认识世界，同时也让世界更加了解中国。

随着信息技术和通信手段的发展，中国人通过在线旅行社预订消费的规模，已经远远超过传统旅行社门店消费。旅游在线服务、网上预订、网上支付等业务迅速展开，对住宿业、文化娱乐业、餐饮业、文化创意、信息咨询等现代服务业，都起到重要的促进作用。

三、影视娱乐

电影作为人们重要的娱乐休闲方式，一直受到中国人的欢迎。1905 年中国第一部无声电影《定军山》诞生，1931 年中国第一部有声电影《歌女红牡丹》放映，1948 年中国第一部彩色电影《生死恨》拍摄完成。中华人民共和国成立以来，中国电影进入蓬勃发展时期。今天，中国已成为全球第二大票房市场。中国电影从无声、单机、黑白影片到高科技、大投入、环绕立体声巨幕电影，从单一的题材到丰富多彩的喜剧片、动作片、文艺片、科幻片，从本土制造到进口大片的纷纷涌入，吸引着越来越多的人重新回到电影院。和美术馆、咖啡馆、酒吧一样，电影院已经成为一种娱乐和社交场所。

看电视是中国人生活中的一种重要娱乐方式。20 世纪 80 年代中期，电视机开始在中国家庭普及，观众们有了电影之外的第二种娱乐选择。20 世纪 90 年代以来，随着电视娱乐节目的不断成熟，各类花样翻新的电视剧、纪录片、综艺节目、动画片成功吸引了全国男女老少的眼球，中国迎来了电视主宰的娱乐时代，其中，一年一度的春节联欢晚会成为海内外华人不可或缺的“年夜饭”。

近年来，各类选秀节目、音乐比赛、明星真人秀层出不穷，人们在享受轻松休闲时光的同时，也开始反思满屏综艺节目快餐带来的文

《朗读者》由中央电视台推出，节目邀请各个领域具有影响力的嘉宾来到现场，分享自己的人生故事，并朗读经典文章，表达真实的人物情感。

《见字如面》由实力文化、黑龙江卫视联合出品，以明星读信为主要形式，带领观众走进历史场景、人生故事，领会中国人的精神情怀与生活智慧。

化匮乏。在这样的社会现实和需求下，《朗读者》《见字如面》等文化类节目应运而生，满足了不同层次的文化消费需求。

四、网络游戏

中国网络游戏行业起始于20世纪末，作为一种新型的娱乐方式，网络游戏受到越来越多人的欢迎，尤其是智能手机的普及，让不同年龄、性别、职业的人都成了“手游”(即手机游戏）玩家。2015年，中国游戏产业收入达到1407亿元，中国成为全球第一大市场。与此同时，中国的游戏开发公司也迎来了爆发期。

电子竞技是利用电子设备作为运动器械进行的、人与人之间的智力对抗运动。自2003年，电子竞技成为中国体育总局承认的正式体育项目以来，已逐渐成为最热门的职业运动之一，据《2017年1—6月中国游戏产业报告》，中国电子竞技市场实际销售收入高达359.9亿元，玩家人数超过1亿人。

第三节　高速铁路、移动支付与广场舞

一、高速铁路

中国的高速铁路指的是“新建设计开行250千米/小时及以上的动车组列车、初期运营速度不小于200千米/小时的客运专线铁路”。自2009年12月26日中国第一条高铁——武广高铁开通运营，截止

到2017年年底，中国已基本建成以高速铁路为主干，包括区际快速铁路、城际铁路及既有线提速线路在内的快速铁路网，投入使用的中国高速铁路达到2.5万千米，成为世界上高速铁路运营里程最长、在建规模最大的国家。

在高铁普及以前，人们乘坐普速列车从一个城市到另一个城市，需要较长时间。比如北京和上海间的铁路里程是1400多千米，最快的火车也要10小时左右的时间。而高铁将时间缩短了一半以上，最快的“复兴号”四个半小时即可到达。随着高铁网络的逐步联网成型，大大小小的城市被高铁紧密联系在一起，彼此之间的距离不断被拉近。高铁更经济，更安全，也更舒适，成为中国人走亲访友、度假出行的首选。

图16-6 “复兴号”列车

人们出行方便了，工作模式、居住理念、生活半径也随之改变。在北京、上海、广州等一线城市的周边，已经形成了“一小时交通圈”“一小时生活圈”。新型的城际交通网络使铁路“公交化”，很多上班族过上了打“铁的”上下班的“同城生活”。生活和工作在京津冀、长三角、珠三角地区的上班族，乘坐高铁就像乘坐公交车一样方便。例如，上海和杭州两地之间的高铁达到了每20分钟一班，乘客随到随走。

高铁的开通运营，不仅缩短了城市之间的距离，还带动了铁路沿线城市经济的发展，改变了中国的经济版图。中国人商务活动的增加、旅游市场的扩大和人际交流需求的增长，对高铁提出了更多、更高的要求。目前，中国的高速铁路网建设飞速发展，一些客运专线也在加紧建设中，按中长期铁路规划，中国高速铁路网至少包括了五种类型的线路：“四纵四横”客运专线、城际客运系统、经提速改造后的既有线、完善路网布局和西部开发性新线以及海峡西岸铁路。在不远的将来，会有更多快捷、方便、舒适的高速列车奔跑在铁路线上，满足人们的出行需要。

“四纵”是指：北京—上海、北京—武汉—广州—深圳、北京—沈阳—哈尔滨（大连）、上海—杭州—宁波—福州—深圳。“四横”是指：徐州—郑州—兰州、杭州—南昌—长沙—昆明、青岛—石家庄—太原、南京—武汉—重庆—成都。

二、移动支付

网络科技的普及极大改变了人们的生活方式和消费方式。在传统的实体消费、现金支付的基础上，互联网消费和移动支付已经成为中国年轻人最主要的消费方式，给中国金融经济的改革与发展注入了新的活力。

根据国家发改委2018年4月公布的数据，中国移动互联网用户数已经达到12.8亿户。在互联网技术支持下，越来越多的消费新模式被开发，移动终端支付形式便利，快捷，在中国，几乎所有的消费场所都可以使用移动支付，不仅方便消费，也方便销售。

移动支付已经渗透到中国人生活中的方方面面，这种方式已不再是年轻人的专利，越来越多的中老年人加入到移动支付的行列。伴随物流业的不断强大与完善，人们对移动支付的利用已不限于用手机刷卡乘车、超市付款、餐厅消费等近场支付，移动支付已广泛进入远程支付领域。仅2017年“双十一”当天，阿里巴巴和京东的网上交易额就达到了2953亿元。

第三方移动支付越来越带有社交化、娱乐化的特征，满足了人们

图16-7 大街小巷无处不在的移动支付

的多样化需求。比如，过年互发红包、朋友聚餐用收款功能实现AA制、看电视节目用“摇一摇”参与互动等；一个携带手机的消费者，不仅可以上下班用打车软件，解决高峰期打车难问题，而且还可以预约健身和教育培训课程。

在中国，互联网巨头、传统金融机构纷纷加入“移动支付”之中，有更多的支付平台涉足民众生活。短信支付、扫码支付等不同方式，使消费者付款更加便利，消费者的支付习惯悄然转变，也使商家的销售方式随之转变。

三、广场舞

1995年6月，中华人民共和国国务院颁布了《全民健身计划纲要》，开始推行“全民健身计划”。经过二十余年的发展，中国人的健身意识越来越强，体育活动项目越来越丰富，其中一个颇受人们关注的运动是广场舞。

广场舞是近几年风靡中国的一种集体健身活动，主要指居民自发的、以健身为目的的、在广场等开阔空间进行的舞蹈，融自娱性与表演性于一体，以集体舞为主要表现形式。广场舞的参与者多为中老年人，晚饭以后人们聚集在一起，列起队形，伴着律动性音乐翩翩起舞。广场舞的表演方式有很大的灵活性，时间可长可短，舞者和观众没有严格的界限。

广场舞增强了人们的身体素质，提高了人们的生活质量。和其他舞蹈形式或健身运动相比，广场舞的特点非常显著：一是集体性，二

图 16-8　广场舞

是随意性，三是自娱性，四是自发性。广场舞集娱乐和健身为一体，内容丰富，难度较小，适合不同年龄、不同性别的参与者。

广场舞是一项很好的群众体育运动项目，但由于多在露天公共场地进行，因此出现了噪音扰民等社会问题。2017 年 11 月，国家体育总局在《关于进一步规范广场舞健身活动的通知》中要求，各级体育部门要积极促进当地人民政府按照配置均衡、规模适当、方便实用、安全合理、因地制宜的原则，科学规划、统筹建设广场舞健身活动场地供给。同时指出，要严格规范广场舞健身活动行为，加强广场舞健身活动组织和队伍建设，建立和完善广场舞健身活动工作机制。

广场舞起源于社会生活，它是人民群众创造的舞蹈，是专属于人民群众的舞蹈。这项独具特色的民间艺术正在成为人民生活中的一种健康的娱乐方式。

思考与练习

一、填空

1. ________是最具代表性的中国传统服饰，是中国的国粹之一。

2. “________号”是目前中国最快的高铁动车组，从北京到上海只需四个半小时。

二、选择

1. 1905 年，中国出现了第一部无声电影________。

A.《定军山》　B.《歌女红牡丹》　C.《生死恨》　D.《马路天使》

2. 按照中国政府要求，________为免费向公众开放的公共文化场所。

A. 展览馆　B. 博物馆　C. 大剧院　D. 电影院

三、简答

1. 请介绍近几十年来中国交通工具的变化。

2. 在中国，“高速铁路”指什么？

附录

附录 1

中国历史年表

朝代	起止年代
五帝	约前 30 世纪初—约前 21 世纪初
夏	约前 2070—前 1600
商	前 1600—前 1046
周	前 1046—前 256
秦	前 221—前 206
汉	前 206—公元 220
三国	220—280
晋	265—420
南北朝	420—589
隋	581—618
唐	618—907
五代	907—960
宋	960—1279
辽	907—1125
西夏	1038—1227
金	1115—1234
元	1206—1368
明	1368—1644
清	1616—1911
中华民国	1912—1949
中华人民共和国	1949 年 10 月 1 日成立

附录 2

中国的世界遗产

序号	名称	批准时间	遗产种类
1	长城	1987.12	文化遗产
2	北京故宫	1987.12	文化遗产
3	秦始皇陵及兵马俑	1987.12	文化遗产
4	莫高窟	1987.12	文化遗产
5	周口店北京人遗址	1987.12	文化遗产
6	泰山	1987.12	文化与自然双重遗产
7	黄山	1990.12	文化与自然双重遗产
8	武陵源风景名胜区	1992.12	自然遗产
9	九寨沟风景名胜区	1992.12	自然遗产
10	黄龙风景名胜区	1992.12	自然遗产
11	布达拉宫、大昭寺、罗布林卡	1994.12	文化遗产
12	承德避暑山庄及周围寺庙	1994.12	文化遗产
13	曲阜孔府、孔庙、孔林	1994.12	文化遗产
14	武当山古建筑群	1994.12	文化遗产
15	庐山	1996.12	文化遗产
16	峨眉山—乐山大佛	1996.12	文化与自然双重遗产
17	丽江古城	1997.12	文化遗产
18	平遥古城	1997.12	文化遗产
19	苏州古典园林	1997.12	文化遗产
20	颐和园	1998.11	文化遗产
21	天坛	1998.11	文化遗产
22	大足石刻	1999.12	文化遗产
23	武夷山	1999.12	文化与自然双重遗产
24	青城山—都江堰	2000.11	文化遗产
25	龙门石窟	2000.11	文化遗产
26	明清皇家陵寝	2000；2003；2004	文化遗产

续表

序号	名称	批准时间	遗产种类
27	皖南古村落：西递、宏村	2000.11	文化遗产
28	云冈石窟	2001.12	文化遗产
29	三江并流	2003.7	自然遗产
30	高句丽王城、王陵及贵族墓葬	2004.7	文化遗产
31	澳门历史城区	2005.7	文化遗产
32	四川大熊猫栖息地	2006.7	自然遗产
33	殷墟	2006.7	文化遗产
34	中国南方喀斯特	2007；2014	自然遗产
35	开平碉楼与村落	2007.6	文化遗产
36	福建土楼	2008.7	文化遗产
37	三清山	2008.7	自然遗产
38	五台山	2009.6	文化遗产
39	郑州“天地之中”历史建筑群	2010.7	文化遗产
40	中国丹霞	2010.8	自然遗产
41	杭州西湖	2011.6	文化遗产
42	元上都遗址	2012.6	文化遗产
43	澄江化石地	2012.7	自然遗产
44	新疆天山	2013.6	自然遗产
45	红河哈尼梯田文化景观	2013.6	文化遗产
46	大运河	2014.6	文化遗产
47	丝绸之路（天山廊道）	2014.6	文化遗产
48	土司遗址	2015.7	文化遗产
49	左江花山岩画文化景观	2016.7	文化遗产
50	湖北神农架	2016.7	自然遗产
51	鼓浪屿：历史国际社区	2017.7	文化遗产
52	青海可可西里	2017.7	自然遗产
53	贵州梵净山	2018.7	自然遗产

附录 3

中国地图

中国地图

审图号：GS(2016)1573号

国家测绘地理信息局 监制

附录 4

世界地图

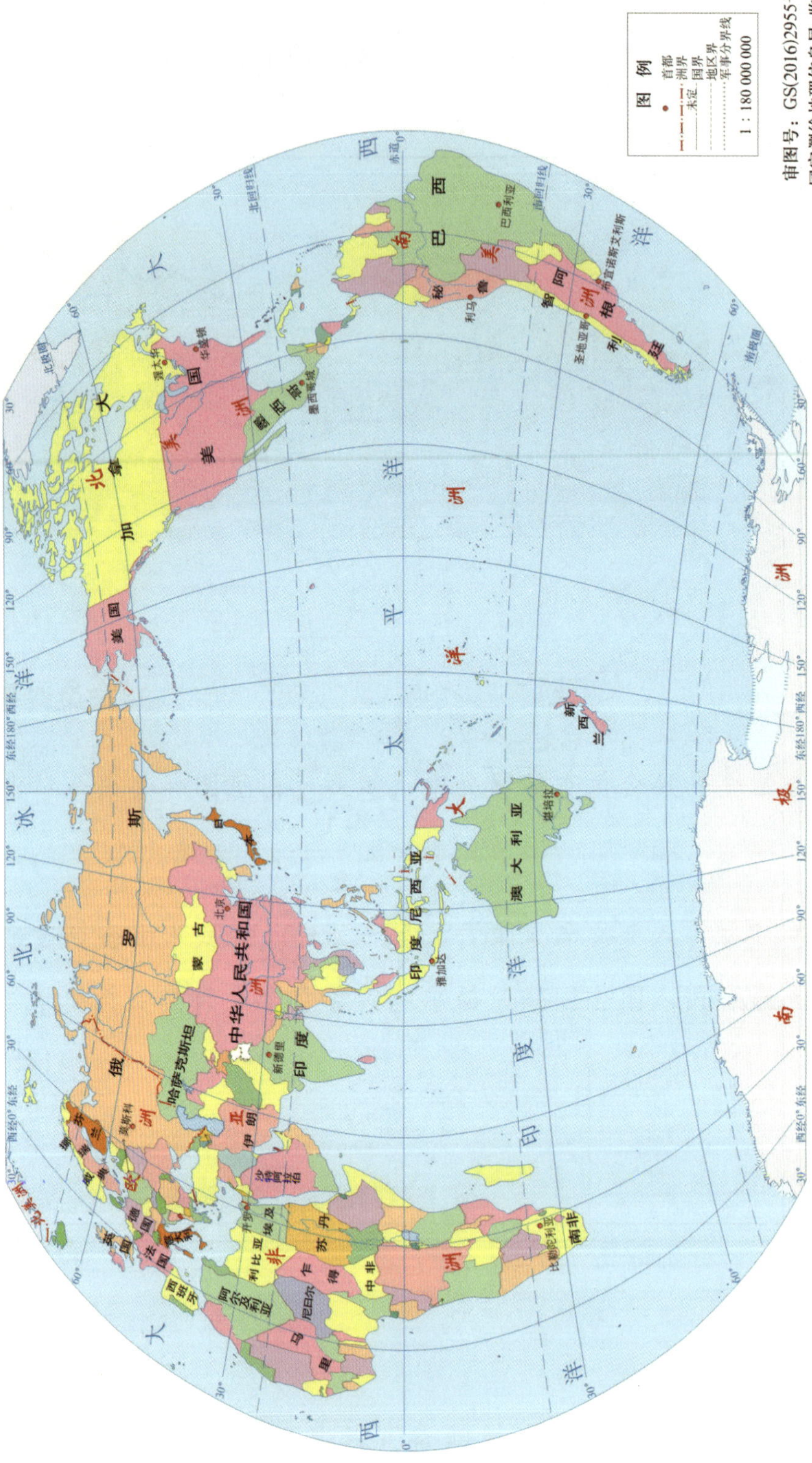

世界地图

审图号：GS(2016)2955号

国家测绘地理信息局 监制